长大以后探索前沿科技
编 委 会

主　编　褚建勋

副主编　孙立广　汤书昆

长大以后登月球

面向未来的探月登月工程

褚建勋　蔚雅璇　编著

中国科学技术大学出版社

内容简介

在本书中，你将跟随科科、阳阳兄弟和 K 大的教授爷爷一起踏上一段奇妙的探月之旅。科科、阳阳从小对月球充满好奇，在课堂上不断积累关于月球的知识，并立志成为航天员。爷爷向兄弟俩介绍目前阶段人类取得的探月成就，尤其是中国探月工程从"嫦娥一号"到"嫦娥五号"的丰硕成果，并展望未来月球基地的建设。

图书在版编目(CIP)数据

长大以后登月球:面向未来的探月登月工程/褚建勋,蔚雅璇编著.—合肥:中国科学技术大学出版社,2023.4
（长大以后探索前沿科技）
ISBN 978-7-312-05647-5

Ⅰ.长…　Ⅱ.①褚…②蔚…　Ⅲ.月球探索—青少年读物　Ⅳ.V1-49

中国国家版本馆CIP数据核字（2023）第058127号

长大以后登月球：面向未来的探月登月工程
ZHANGDA YIHOU DENG YUEQIU: MIANXIANG WEILAI DE TAN YUE DENG YUE GONGCHENG

出版　中国科学技术大学出版社
　　　安徽省合肥市金寨路96号,230026
　　　http://press.ustc.edu.cn
　　　https://zgkxjsdxcbs.tmall.com
印刷　合肥华云印务有限责任公司
发行　中国科学技术大学出版社
开本　710 mm×1000 mm　1/16
印张　14
字数　174千
版次　2023年4月第1版
印次　2023年4月第1次印刷
定价　48.00元

人物简介

爷 爷

60 岁，科科和阳阳的爷爷，K 大物理学教授，善良、沉稳、有耐心，是位学识渊博的物理学家。

科 科

15 岁，阳阳的哥哥，聪明、善学，是一名成绩优异的初中生。

阳 阳

10 岁，聪明好动，勇于冒险，喜欢看书，是一名热爱科学、善于思考的小学生。

前　言

在夜空的深处,有一颗神秘的星球,悬浮在宇宙之中,孤独而又美丽。月球,是地球唯一的一颗卫星,也是人类很早就开始探索的天体。它见证了人类的诞生和历史的演变,也承载着无数未知的奥秘。

近代以来,随着科技的进步,人类开始踏上探索月球奥秘的征程:月球到底是如何形成的?月球的表面有哪些独特的地形和地貌?月球内部的结构是什么样的?月球上是否有生命存在?今天,人类的科技已经可以让我们近距离地观测和探索月球,人类已经成功地将探测器和航天员送往月球,并收集到了大量的科学数据。

在本书中,你将跟随科科、阳阳一起踏上一段奇妙的月球之旅,乘坐宇宙飞船,穿过宇宙尘埃带和太阳风暴,来到这颗神秘的卫星,和教授爷爷一起探索月球的奥秘。

目 录

神秘的寂静之地：
月球独特的自然风貌

01

这几天科科正在准备学校的古诗词大赛。晚饭后，爷爷和他正坐在沙发上对着飞花令，爷爷先说："海上生明月，天涯共此时。"科科接道："明月几时有，把酒问青天。"阳阳跑过来说："爷爷，哥哥，你们在对'月'的古诗，对吧？我也知道：举头望明月，低头思故乡。"爷爷笑着说："是的，关于月球，你们了解多少呀？"神秘的月球是一颗怎样的星球呢？科科、阳阳陷入沉思……

1
月球从哪里来

科　科："江畔何人初见月？江月何年初照人？人生代代无穷已，江月年年望相似。"

阳　阳：爷爷，古诗词中这么多次出现了月亮，说明古时候月亮就已经存在了。那月亮究竟是什么时候就存在于这个世界上的呢？

爷　爷：不仅我国的古诗词中经常出现"月亮"的意象，世界各地的人们也都很关心、热爱月球，在诗文创作和古往今来的很多神话故事、民间传说里都出现了月亮。根据目前的研究，月球可能在45亿年前就存在于宇宙中了，月球和我们的地球年岁相仿，并且很多年前就陪伴在地球左右了。

阳　阳：月亮是怎么形成的呀？

爷　爷：关于月球的形成，从古至今有很多种说法，至今仍是个未解之谜。古人由于思想比较纯朴，对月亮从何而来，往往使用一些神话传说进行解释。比如在中国，嫦娥奔月的神话故事为人们所熟知，相传嫦娥吃下西王母赐给丈夫后羿的不死药后，飞到了月宫。此外还有玉兔捣药、天狗吃月等神话故事。在希腊神话中，月亮作为一位女神，是太阳神的妹妹；在北欧神话中，月亮作为月神，是太阳神的兄弟。我们也可以看出来，由于月亮在夜空中十分明亮，古人就以一种推理类比的方法将其和太阳联系在一起，但这毕竟是神话传说，我们也应该知道，嫦娥与玉兔、太阳神与月神并不是真实存在的。

科　科：那更科学的解释是什么呢？

爷　爷：到了近现代，科学技术的发展帮助人们丰富了科学知识，人们对于月亮是如何形成的才有了一定的认识。1609年，意大利物理学家、天文学家伽利略创造出了人类历史上的第一台天文望远镜，并因此开创了现代天文学。通过天文望远镜，科学家们才了解到，月亮并不是像人们平时想象中的那样如圆镜一般光滑明亮，而是有着坑坑洼洼的表面，有着平原和山峰。这是人类第一次有幸把月球的表面看得如此清楚，天文望远镜的诞生也打开了人们对月球科学研究的大门。

阳　阳：人们还造出了别的东西用来探索月球吗？

爷　爷：是啊，科学家成功创造出了人造卫星和宇宙飞船，这些预示着人类的天文学研究水平到达了一个新纪元，打通了地球通向月球的路。但随着人们对月球认识的不断深入，月球向人们展现出了更多的谜团，其中月球是如何形成的仍是大家争论的焦点，近现代出现了好几种关于月球起源的假说。

阳　阳：那到底有哪几种假说呢？

爷　爷：目前关于月亮起源的主流假说就是行星撞击地球的"撞击说"，也是人们认为最合理、最有可能的一种。20世纪80年代,科学家们利用先进的技术对月球陨石和从月球带回来的月壤样本进行分析,对月球如何形成的研究有了进展,提出了月球是地球受到外来天体撞击而形成的假说。

科 科:地球被撞击的过程是什么样的呢?

爷 爷:在早期地球形成的时候,还有一颗叫忒伊亚的小行星,它的质量相当于地球的14%,大小和火星相似,它和地球的距离不是很远。那时候两颗星球都处于熔融状态,两个天体外层的球壳都很薄,在中心各有一个高密度的岩石核心,核心外包着一层较轻的岩石。一个偶然的机会,忒伊亚小行星撞击了地球,剧烈碰撞使两颗星球两败俱伤,地球的地轴变得倾斜,产生的大量尘埃和气体也离开了地球。忒伊亚小行星的命运则更悲惨,碰撞产生的巨大撞击力导致该星球解体,产生的尘埃和气体四处飘荡。

阳 阳:哇,好吓人啊,只是被一颗小行星碰撞了一下,地球就差点被撞碎了。

爷 爷:是的,撞击物破开了地幔,大部分留在了地核中,只有很少的物质被抛入太空中。残骸碎片进入环绕地球运行的圆形轨道中,它们渐渐结合起来成为云雾。在冷却之后,颗粒慢慢冷凝为一个光环,经过了碰撞与聚合,它们先形成几个小月球,经过数千万年后最终合成一个大月球。

科 科:爷爷,这些碎片为什么会聚集到一起,而不是在宇宙中乱飞呢?

爷 爷:因为引力的作用,碎片像滚雪球一样,随着引力越来越大,最后就变成一个星体了。撞击后的一部分碎片留在了地球上,另一部分飘在宇宙中。由于地球引力的存在,这些碎片并没

有飞出去太远，而是围绕着地球转动，类似于土星环。后来，这些碎片比较密集的地方引力比周围稍大，逐渐吸引周围的物体凝聚在一起。由于质量越大引力也就越大，行星环上的物质不断被清除，周围的碎片也逐渐朝着引力坍塌的方向汇聚，最终形成了月球。这个说法可以解释月球本身以及它与地球间的很多现象，因此被越来越多的人认同，如今几乎成了被公认的月球起源学说。

科　科：那除了撞击说之外还有别的假说吗？

爷　爷：在天文学界，除了撞击说之外，主要还有地球分裂说、地球捕获说和地球同源说。

阳　阳：地球同源说的意思是地球和月球本是一体的吗？

爷　爷：没错，这种说法认为月球和地球像一对"孪生兄弟"，两个天体轨道相近，都是从星云状的物质凝聚起来的，逐渐形成两个较大的星团，后同时成为月球与地球。

科　科：那地球分裂说是什么呀？

爷　爷：地球分裂说认为月球原先是地球的一部分，熔融状态的地球不是很稳固，在自转和公转的作用力下，月球从一个凸起越鼓越大，最后被甩出了地球而形成了一颗独立的星球。

阳　阳：地球捕获说是什么呀？

爷　爷：简单地说就是月球是地球捕获的流浪天体，这种说法将月球看作原先绕着太阳公转的行星，后来因为地球的引力作用越来越靠近地球，最终被捕获成为一颗地球的卫星。

科　科：地球的引力能捕获像月球这么大质量的天体吗？

爷　爷：这几种说法不能够自圆其说，不被大多数科学家认同。科学家们认为地球的引力不可能捕获像月球这么大质量的天体，

在整个太阳系中，除了月球与地球没有其他卫星与行星的质量比如此之高。地球和月球也不可能共同形成于一个轨道中，因为那样的话两者很容易合并为一颗星球，然而月球只是地球的卫星，其运行十分规律，不存在与地球合并的可能。而且，它甚至在远离地球，每年都会逃离地球3厘米左右。

科 科：这些假说好像都有各自的道理。我们的科技已经如此发达，竟然还没完全确定月球究竟是怎样形成的。

爷 爷：是的，科学本来就是在不断质疑和反复实验中发展前进的，以后会有更多的细节慢慢被发掘出来。想要彻底搞清楚月球是如何形成的，还需要人们运用各种先进科技手段进行不懈的探索。

阳 阳：谢谢爷爷！我对月球的起源有了更多的了解！

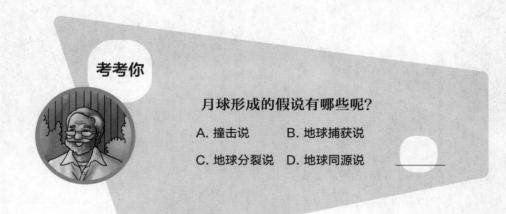

考考你

月球形成的假说有哪些呢？

A. 撞击说　　　　B. 地球捕获说

C. 地球分裂说　　D. 地球同源说

2 地球和月亮的关系

阳　阳：爷爷，如果月球真的是因为地球和行星的撞击而产生的，那地球就没有受到影响吗？

爷　爷：当然有影响啦，有一部分科学家认为，忒伊亚行星撞击地球之后，对地球产生了一些正面的影响。我们都知道，在地球刚形成的时候并没有一个稳定的自转轴，没有自转轴的地球在宇宙中就像一只飘浮着的陀螺，十分不稳定。如果这样自转，地球的表面受到太阳的照射不均匀，也没有一定的规律，将导致地球上的环境在极寒和炎热之间来回转换，不利于生命的诞生和存续。经过忒伊亚的撞击，地球拥有了稳定的自转轴，黄赤交角维持在约23.5°，这才使得我们拥有了稳定的气候和四季的变化。

科　科：月亮正在越来越远离地球吗？

爷　爷：根据观测和理论计算，月亮和地球的距离在漫长的历史中确实在逐渐增加，每年大约增加3厘米。这是地球和月球之间的引力作用导致的，地球的自转能量转化为潮汐作用并通过引力传递给了月球，这个过程使得地球的自转速度逐渐减缓，同时将月球逐渐推离地球。

科　科：这种潮汐力是不是会影响地球海水的潮涨潮退？

爷　爷：是的，月球的潮汐力是地球海水潮汐的主要驱动力之一。月球的引力作用使得地球上的海洋表面产生周期性的潮汐现象，使得海水在地球表面上周期性地上升和下降，即潮涨潮退。在相对靠近月球的一侧，月球的引力作用使得海水向上抬升形成高潮；而在相对远离月球的一侧，海水又会因为月球引力作用的减小而形成低潮。

阳　阳：那以后地球自转速度会一直变慢吗？

爷　爷：现在地球的自转速度一直在变慢，而发生碰撞的时候地球的自转速度很快，那时候的一天大约是5小时。或许在未来的某一天，地球自转一圈的速度等于月球围绕地球转动一圈的速度。等你们俩以后学习物理学的相关知识时就会对这些有更多的了解啦。

阳　阳：啊？那我们的地球最后会停下来吗？

爷　爷：不用害怕，从一天5小时到现在的一天24小时，大约经过了45亿年的时间。要知道，月球使地球的自转减速其实是一个好的作用。

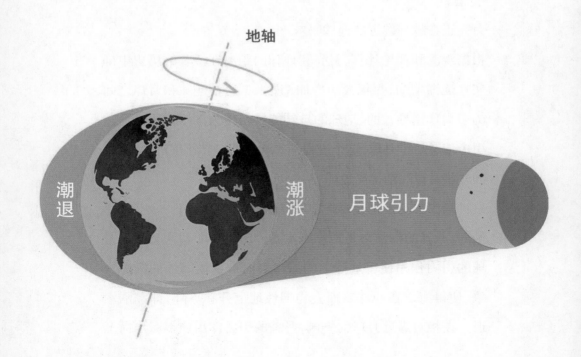

科　科：没错，阳阳，月球对地球自转的引力逐渐锁定，在久远的将来地球的自转也可能会被太阳的引力锁定。

爷　爷：对，即使到了那一天，地球也不会停止自转，而是会在围绕太阳公转一周时，自转一周。到那时，地球的一面将永远面对太阳，地球上的一天就等于一年，半年是白天，半年是黑夜。

阳　阳：月亮为什么会高高地挂在天上呢？

爷　爷：引力的作用是月亮会高高地挂在天上而不会掉下来的原因。你们可以想象用绳子的一端拴住一块石头，然后我们拿着绳子的另一端快速地将石头甩起来，如果甩动的速度足够快，石头即使在我们的头顶上方也不会掉落。月球绕着地球转的速度很快，所以不会掉下来。地球和月球之间有着很大的引力，我们可以把引力想成绳子，这条无形的绳子牵制着月亮的随意运动，将地球和月亮紧紧"拴"在一起。如果拴着石头的绳子突然断裂，石头就会沿着切线的方向飞去。同样，如果地球和月亮之间的引力突然消失，月亮也会沿着切线的方向飞走。

阳　阳：月亮能这么一直围绕着地球转，它们之间是什么关系呀？

科　科：阳阳，月球是我们地球的一颗美丽的卫星。

爷　爷：科科说得没错，地球和月球的关系属于行星系统。地球是一颗主星，而月球是围绕着我们地球旋转的一颗又大又美丽的卫星，而且是唯一的天然卫星。月球围着地球公转，在太阳系中又随着地球一起围绕太阳公转。

科　科：如果没有了月球的陪伴，地球还有我们的生活会发生什么变化吗？

阳　阳：那我们的夜晚就会变得漆黑一片了吧？

爷 爷：哈哈！是的，但如果没有月球在地球的周围，给我们带来的可不仅仅是漆黑的夜晚。就像刚刚说的，月球可以使地球的自转减速，如果月球和地球之间的引力突然消失，地球自转的速度可能会逐渐变快。而且按照目前大家所认同的撞击说，如果从一开始忒伊亚就没有和地球相撞的话，月球也就不会出现在地球周围，这样地球上可能都不会存在生物与稳定的气候。

阳 阳：地球自转的速度变快？听起来也就是一天的时间缩短一些而已，好像也没有什么巨大的影响呀。

爷 爷：不，如果月球消失，后果是不堪设想的。让我们来模拟一下月球的消失吧！如果在今晚，月球消失了，夜晚降临的时候，我们会发现漆黑的夜空里星星会显得格外明亮耀眼。但由于月球的突然消失，它对于潮汐的作用也会跟着消失，地球各地的湖水、江水、河水、海水都开始涨潮或落潮，甚至会有河水、海水直接蒸发。海洋生物开始受到严重的影响，螃蟹、藤壶和各种鱼类等常见的海洋生物都会迅速大量死亡。

科 科：为什么月亮消失会导致海洋生物迅速大量死亡？

爷 爷：这是因为以月球为主的天体提供的潮汐力，使得大海潮起潮落，不断运动的海水可以把地球底层的营养物质带到海面的中上层，为海洋生物提供生命的保障。月球消失后海洋动植物缺乏营养，海产品产量大幅下降，海洋内部的生态系统会因此受到严重破坏。

阳 阳：那地球上的气候也会受影响吗？

爷 爷：月球消失后的几个星期内，天气开始变得异常，我们可能会遭受到地震、海啸等自然灾害，以致被迫搬家。这是因为月球的引力消失，地球原本的潮汐强度仅仅靠太阳是很难维持的。潮汐效应的崩溃使海水能够卷起数十米的巨浪，海水将强力地从全球各地的沿海城市冲向内陆，无数的建筑物被冲毁，人类的家园瞬间变为海洋。全球的水汽循环失去平衡，世界各地也会出现洪涝与干旱。

科 科：之前说月球对地球的引力可以稳定地球自转轴，当这个作用消失后，地球会发生什么？

爷 爷：地球自转轴可以被月球固定在一个倾斜角上，一旦这个稳固作用消失，地轴逐渐发生偏转，地球转动的速度就会瞬间加快，失去控制。这个时候各地刮起强风，每天都会出现异常的天气，或是狂风暴雨，或是烈日骄阳。动植物的昼夜节律被严重破坏，人类的生存也受到了威胁。

阳 阳：太可怕了，我已经不敢想象再往后会发生什么了。

爷 爷：再往后，人们面临的可能就不只是沿海地区的居民流离失所等问题了，而且是整个地球的生命都受到了致命的威胁。地壳应力分布发生了改变，除了海啸与天气的变化外，各地会没有征兆地频繁发生地震，火山也会爆发。除此之外，地球少了月球的保护，还会遭到陨石的攻击。

科 科：没有月球的引力，各种天体和陨石会朝着地球到处飞来吗？

爷 爷：是的，如果没有月球的话，可能会有很多陨石落到地球上，没有了月球的吸引，地球将直面陨石的袭击。人们只能祈祷不要有行星来袭，如果只是小型的陨石还有可能在进入大气层时就被烧毁粉碎，变成流星。如果是大型的行星将对地球产生致命的撞击，毕竟原先恐龙的灭绝就是小行星的撞击导致的。这时候，人类可能已经失去了90%以上的家园，四处逃难。

科 科：这真的太可怕了，听起来和科幻片里出现的世界末日一样！地球真的是离不开月球呀！

考考你

以下哪个因素影响地球海水的潮起潮落？

A. 洋流　　　　B. 地球自转

C. 月球潮汐力　D.太阳潮汐力

3
月亮的形状会变吗

科　科：爷爷，月球是怎样运动的呀？它也是在围绕地球公转的同时进行自转吗？

爷　爷：是的，月球以椭圆轨道绕地球运转。想要了解月球的运动，首先要知道赤道、黄道和白道的概念，这些是我国天文学中比较重要的概念。

科　科：什么是赤道呀？

爷　爷：赤道是指环绕地球表面与南北两极距离相等的圆周线，把地球分为南北两半球。由于地球自转产生了离心力，所以赤道

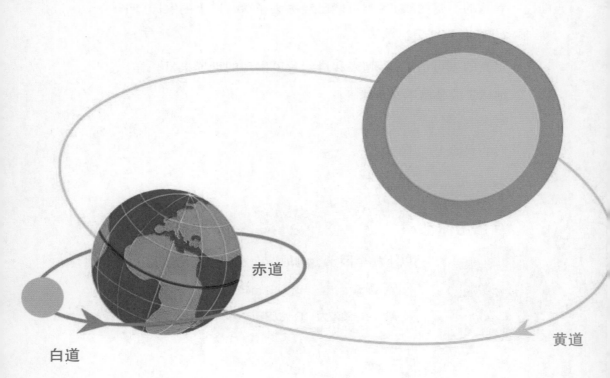

赤道

黄道

白道

的形状是稍微鼓起的椭圆形，而不是完美的圆形。

阳　阳：什么是黄道呀？

爷　爷：黄道指的是太阳在天球上的运行轨迹。因为地球绕着太阳公转的轨道与黄道相交，所以黄道也可以理解为地球的公转轨道，天文学中也将地球公转的轨道认为是黄道。

科　科：那白道又是什么呢？

爷　爷：同样，白道就是指月球围绕着地球公转的轨道，白道面在天球上截取的大圆面不平行于黄道面，也不会重合于赤道面，而且黄道与白道的位置也是随着时间变化而不断变化的。

阳　阳：月球也会自转吗？

爷　爷：月球在绕地球公转的同时也会进行自转，这个周期约为27.3天。我们在地球上看到月亮被照亮的地方，在天文学里叫作月相，月相的变化是有着一定的周期的，约为一个月。

科　科：月球不同时间段的形态变化是什么样的呢？

爷　爷：宋代学者沈括对月亮的形态变化做出了总结：当月亮初升的时候，太阳在月亮的旁边照射，光在它的侧面，我们这时候看到的景象是"月如钩"。当太阳渐渐远离月亮，阳光斜照过来，月相也就慢慢地丰满起来。沈括用一个半边涂了白粉的球做了实验，这个球从侧面看，涂粉的地方好像一个弯钩；从正面看却是一个正圆。月相的变化就是由太阳、月球和地球三个天体位置的不断变化导致的。月球位置的不断变化会使它被太阳照亮的那一面有时面向地球，有时又背向地球，而且人们看到月球的大小也会发生变化。

科　科：爷爷，那我们平时看到月球在圆形的满月形状和弯弯的月牙形状之间来回变化也是由于月球的运动吗？

爷　爷：月相的变化，也就是我们日常生活中所说的月亮的阴晴圆缺。月球公转一圈可以根据我们在地球上看见的它的鲜明的外形特征归纳为八个不同位置。月球运行到太阳和地球的中间时，太阳照亮月球的一面正好背对着地球，面向地球的地方是太阳照射不到的地方。这时候，月亮和太阳一同从东方升起，又一同从西方落到地平线下，所以我们看不见它。我们把月亮在这个位置的月相称为新月，也叫作"朔月"。

阳　阳：在"朔月"之后，月相会继续如何变化呢？

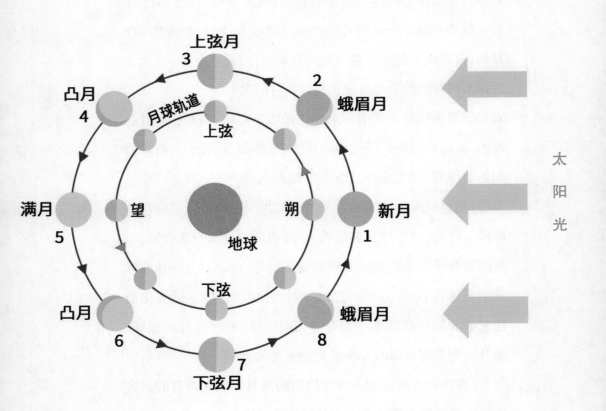

爷　爷：随着逐渐的运动偏转，大概在新月以后两三天，太阳光能够照亮月球朝向地球那半球的边缘部分。这时候我们在太阳落下去的西方天空，可以看到一轮弯弯的钩月，这时候的月相叫作蛾眉月。这就是俗语"初三四，月如眉"的来源。

科　科：什么时候能看到一半的月亮呢？

爷　爷：在新月后的八天左右，月球转到的角度逐渐与太阳和地球的连线成为直角，我们能够看到的发光部分的月球面积也在不断增大。这时候我们可以看到一半的月亮，叫作上弦月。一天天过去，上弦月逐渐变圆，月亮在我们肉眼看来逐渐变得丰满，变为凸月。

阳　阳：我们平时看到的满月，月球处于什么样的位置呢？

爷　爷：当地球转动到太阳和月球正中间时，太阳、月球和地球连成一条直线。太阳光把月球对着地球的半面完全照亮，我们可以看到圆圆的月亮。这时候的月相被称为"满月"或"望月"，此时也到了月中，也就是人们常说的"十五月儿圆"。

科　科：为什么有时人们会说"十五的月亮十六圆"？

爷　爷：因为严格地说，满月不一定会出现在每个农历十五，也可能出现在农历十六或十七，所以人们也常常说"十五的月亮十六圆"。

阳　阳：是不是满月过后，可以见到的月亮部分又会越来越小呢？

爷　爷：当满月过去后，我们能看得见的月亮的发亮部分慢慢变小，相对又形成了和凸月一样形态的亏月。之后到了一半亮一半暗的下弦月，这个时候，我们得在午夜时分，才能在东方看到月亮的出现，而且在天亮之后也仍然可以在天空中看见月亮的影子。再过几天，月亮就变成了和之前蛾眉月形态相似的残月，而且在黎明时分才会出现。又过了几天，月亮终于完全看不见了，又回到了"朔月"，又一轮的新月逐渐开始了盈亏变化。

科 科：我国的农历和阴历是不是就是根据月相的变化而制定的呢？

爷 爷：是呀，新月的那一天就是我们的农历初一。月亮经过29天12小时44分从圆到缺，又从缺到圆，古往今来，月相的变化就是如此周而复始。古人把这个周期作为一个月，用来制定历法，大月为30日，小月为29日。

阳 阳：为什么月亮有时候升得早，有时候升得晚呀？

爷 爷：你想一想，地球是不是一直在自转与公转，而月球也在围着地球进行公转？月球自西向东进行公转，这个方向是和地球自转的方向相同的。假如月球在一个固定不变的位置上，我们在每天的同一时间就能够看到月亮东升西落的景象了。所以，在地球自转的同时月球也在公转，地球自转了一周之后，月球已经在它公转的轨道上向前进了一段距离。

科 科：明白了，我们如果想在地球上的同一地点看到相同的月亮是不可能的了。只有地球提高一点自己的自转速度，我们才有可能看到相同的月亮景色。

爷 爷：是的，新月时的月亮想要完成一轮的变化再变成新月，就得要追上太阳，因为月球转动一周时，太阳也已经向前移动了一大段距离。所以，我们在地球上观察到月亮升起的时间，往往都要比前一天晚一些，大概每天迟了5分钟。而月亮的盈亏变化周期也会比它围绕地球转动的时间长两天左右。这里面包含了很多地理知识和与运动相关的物理知识。

朔（农历初一）

清晨

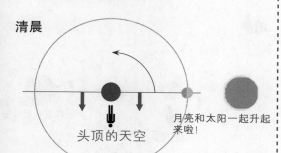

头顶的天空

月亮和太阳一起升起来啦！

正午

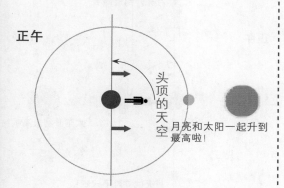

头顶的天空

月亮和太阳一起升到最高啦！

黄昏

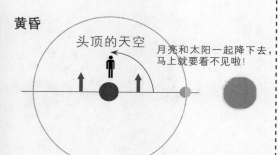

头顶的天空

月亮和太阳一起降下去，马上就要看不见啦！

子夜

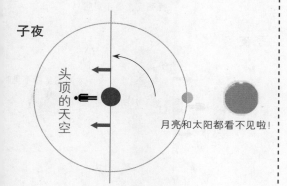

头顶的天空

月亮和太阳都看不见啦！

上弦

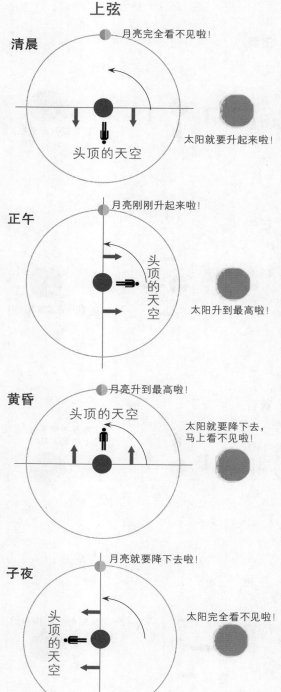

清晨

头顶的天空

月亮完全看不见啦！

太阳就要升起来啦！

正午

头顶的天空

月亮刚刚升起来啦！

太阳升到最高啦！

黄昏

头顶的天空

月亮升到最高啦！

太阳就要降下去，马上看不见啦！

子夜

头顶的天空

月亮就要降下去啦！

太阳完全看不见啦！

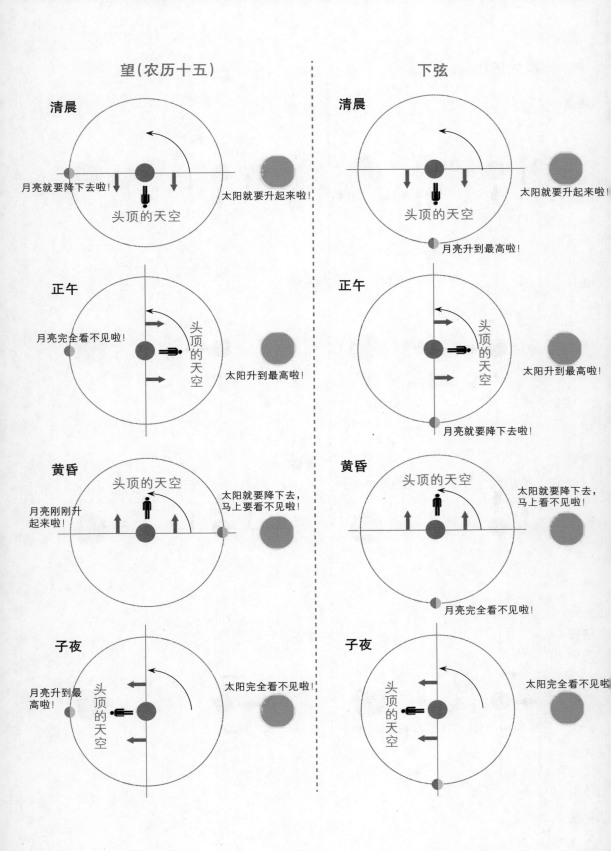

阳　阳：那月亮是像动画片中播放的那样，白天睡觉，晚上把自己的
　　　　开关打开照亮大地吗？

爷　爷：月球本身不是可以发光的星球，也不是透明的，靠太阳光的
　　　　反射，才使我们看到了月光。我国东汉时期的天文学家张衡
　　　　已经意识到，月亮的光是由于太阳的照射而反射的光亮，并
　　　　不是它本身所发出的光。

阳　阳：那月亮的亮度是不是也会随着它的运动而发生强弱变化呢？

爷　爷：当然啦，我们有时候看到月亮很明亮，而有时却浅浅淡淡的。
　　　　不过，我们所观察到的月亮的亮度变化不仅仅是因为月球的
　　　　运动。刚刚说过，月球本身不是发光的星球，只是对太阳光

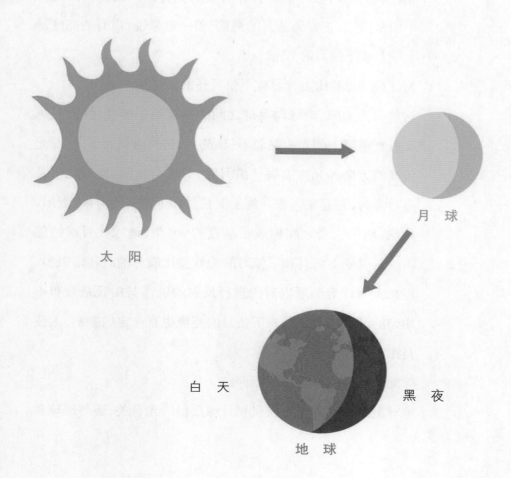

太阳

月球

白天　　　黑夜

地球

进行反射。

科　科：那月亮是不是一面大大的镜子，可以反射太阳的光？

爷　爷：我们的确可以把月亮想象成一面大大的镜子，在接收到太阳发出的光线后，对这些光线进行反射。由于月球表面也不是平滑的，拥有着坑坑洼洼的陨石坑与山丘，所以它对光线的反射是一种漫反射。能够被完全反射的光线还要穿过重重阻碍，穿透大气层，最后才能被我们看到。

阳　阳：也就是说，太阳会影响到月亮的亮度变化吗？

爷　爷：月亮的亮度变化，主要是受太阳与月球之间角度的变化、地球和月球之间的距离，还有大气等阻挡视线等因素影响。月亮在满月的时候一般比月牙时要明亮许多。虽然满月的一个面是圆形，正好为弦月的两倍，但一般来说，满月的亮度是上弦月或下弦月的12倍左右。

科　科：为什么满月要比上弦月或下弦月亮很多呢？

爷　爷：这是因为太阳、地球与月球之间的角度是不停变化的，月球反射到地球上的光的强弱不仅取决于它的面积大小，还与光传播的方向和角度有关。满月时，月球与太阳、地球几乎是面对面的，光直来直去。到了上弦月和下弦月的时候，太阳、月球、地球三者之间构成了垂直的90°角，地球在月球的侧面。这时候上弦月和下弦月的光就要比满月的时候暗很多。再加上月球表面可以对光进行反射的坑洼与山丘是分布不均匀的，所以，上弦月与下弦月的亮度也有一定的差别，上弦月比下弦月要亮。

科　科：除此之外，还有其他的原因吗？

爷　爷：地球上接收到的光不仅仅和月球反射的光有关，还与地球和月球距离的远近有关。月球绕地球的轨道不是一个完美的圆形，而是一个椭圆形。所以，当月球运行到绕地轨道中距离地球最近的一点时，我们会看到更大一些的月亮。这个点就叫作近地点。相反，当月球运行到轨道中距离地球最远的远地点时，月球反射的光能到达地球的部分就减少，亮度也会低很多。

阳 阳：为什么我们可以直视月亮，却很难直视太阳呢？

爷 爷：月亮的平均亮度大约是太阳的四十六万分之一，这也是我们可以直视月亮、难以直视太阳的原因。

科 科：我记得我们暑假时，有一天晚上看到了"超级月亮"，这是不是处于近地点的满月呀？

爷 爷：是的，月亮处于新月或满月月相的时候，如果正好也处于近地点，我们看到的月亮就会又大又亮，被大家称为"超级月亮"，这时候天文爱好者和摄影爱好者可以拍到非常漂亮的月亮照片。此外，还有一些其他因素影响了满月的亮度，那就是当地球到达它的近日点，也就是地球公转轨道上离太阳最近的地方时，月球反射的太阳光也会有所增加。这时候的满月也要比一般的满月更亮一些，不过我们用肉眼很难辨别。阳阳，你还记得前段时间你拍到的那张星星伴月的漂亮照片吗？

阳 阳：我记得，爷爷。弯弯的月牙旁边闪烁着一颗好亮的星星！

爷 爷：对，这个时候的月亮就是残月或者蛾眉月，有的时候还会出现"新月抱旧月"的奇观。如果在天气晴朗，而且夜色很暗的情况下，我们仔细观察蛾眉月，还可以在弯弯的月牙中隐隐约约看到被"抱"在月牙中的整个圆月。这是因为呀，不仅是月亮会反射太阳光,地球也可以反射,地球表面将反射的太阳光照射到了月球的暗面上。月球将地球反射的光,再次反射到地球上,这个时候我们就能够看到微弱的"旧月"了。

科 科:"旧月"的颜色会根据地球反射面的不同发生变化吗?

爷 爷:会的,当地球上辽阔的海洋部分面向月亮的时候,反射的光会呈现浅蓝色,而当地球上大陆部分朝着月亮的时候,光就会变成淡黄色了。你拍到的星星伴月,其中那颗星星是金星。金星是天空中除了太阳和月亮之外最亮的一颗星球,当它出现在蛾眉月旁边时,就是你拍摄到的金星伴月的美丽景象。不过,可能因为当时的金星过于耀眼,我们没有看到"新月抱旧月"的景象。除了这些呀,大气的状况也会对月亮的亮度有所影响。晴朗夜晚的月亮要比有着大量灰尘、烟雾、云的时候的月亮更加明亮。

阳 阳:什么是月全食呀?

爷 爷:月食就是一轮明亮的圆月突然被黑影慢慢挡住,在很短的时间里经历月亏月盈的景象。当月球运行至地球的阴影部分时,在月球和地球之间的地区的太阳光为地球所遮蔽,我们就会看到月亮缺了一块。如果黑影能够将月亮的光芒全部遮住,过一段时间又恢复,这个现象就叫作月全食。

科 科:月食也是因为地球、月球和太阳三者位置的变化而产生的吗?

爷 爷:是的,当太阳、月球和地球三者处于一条连线上时,地球的位置在逐渐向中间移动。这时候,因为月球是不发光的,地球渐渐把太阳的光挡住了,月球慢慢到达了太阳光照射不到的阴影中,这个时候月亮的光就会慢慢变少。如果是月全食,月亮就会全部变黑,之后再慢慢变亮,直到恢复满月。

科　科：什么时候会发生月食呢？

爷　爷：月食只会在"望月"时才有可能发生，也就是在农历十五或十
　　　　六时。但不是每个月都会发生月食的现象。之前说的白道
　　　　面与黄道面不是重合的，它们之间存在一定的夹角，所以太
　　　　阳、地球和月球不一定会在同一条直线上，多数的"望月"并
　　　　不会发生月食现象，只有当三颗星球大致处于一条直线并且
　　　　同时出现满月时，人们才会见到这神奇的月食景象。有可能
　　　　一年下来都不会有一次月食出现，而一年中最多可能出现三
　　　　次月全食。

阳　阳：我还没有看过月全食呢。

爷　爷：没关系，以后还有很多机会！今年我们说不定可以先看到日
月并升的美丽景象。

阳　阳：什么是日月并升？

爷　爷：日月并升又叫作日月同照，是当太阳从地平线升起来的时
候，月亮也同时升起。在我国杭州市东北80千米处的海盐县
南北湖风景区的鹰窠顶上会发生十分壮观奇特的日月并升
现象，这个现象和钱塘江的"海宁观潮"常常一起被人们称为
"双绝"奇观。

科　科：我们什么时候可以看到日月并升？

爷　爷：日月同时上升，通常在每年农历十月初一的早上出现，一般
会持续15分钟，最久的时候会长达半小时。早上的时候，太
阳会从钱塘江上缓缓升起，这个时候月亮还没有下沉。随

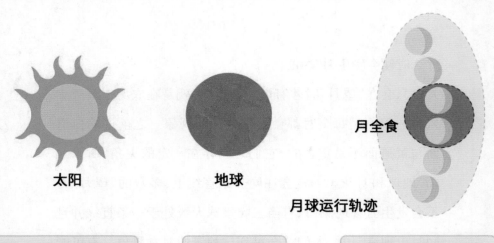

太阳　　　　　　　　地球　　　　　　　月全食

月球运行轨迹

地球运行到太阳和月球中间
并与它们几乎成一条线　　地球挡住太阳
照向月球的光　→　月球位于地球阴影区内，
就会产生月食现象

后,月亮和太阳会一起上升。在水面之上,月亮和太阳跳动得扑朔迷离。有时,它们重叠在一起,太阳外面一圈会出现红色或蓝色的光环;有时,灰暗的月亮会围着太阳频频跳跃,太阳被月亮遮住的部分光色暗淡,未被遮住的部分呈月牙状,并闪烁着金黄色的光彩。奇怪的是这种天象在周围小山丘上都见不到,只有在云岫庵南186.8米的鹰窠顶上才能见到。但能够肯定的是,这并不是一个天文现象。

阳 阳:现在对日月并升有科学的解释吗?

爷 爷:这个现象到现在也是没有科学解释的谜题。这是因为如果月亮和太阳重叠的话,就和我们刚刚所说的月食一样,但月食是可以被精确地记录与预测的,日月并升的现象却不能。有的人认为,这是由于水面上太阳光的折射与反射出现的假象。到目前为止,对日月并升现象发生的原因还没有精确的解释。

考考你

月食形成的原因是什么?

A. 太阳光从侧面照射到月球上

B. 射向月球的太阳光,途中被地球挡住

C. 射向地球的太阳光,途中被月球挡住

D. 射向月球的太阳光,一部分被月球吸收了

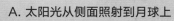

4
月球的概况与
地形地貌

阳　阳：爷爷，我们白天看到的太阳和晚上的月亮感觉差不多大，是这样吗？

爷　爷：它们的大小并不是相同的，甚至差别还很大呢。太阳比月球大很多，只是由于太阳与地球的距离要比月球与地球的距离大很多，大约是月球与地球的距离的400倍，所以我们站在地球上用眼睛所观察到的月亮与太阳，仿佛是一般大小。实际上，太阳的直径约为月球的400倍，质量是它的2700万倍，是我们难以想象的差距。

阳　阳：那月亮离我们到底有多远呢？

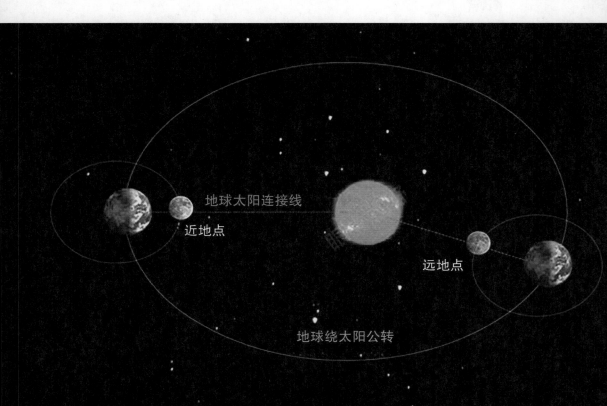

爷　爷：地球到月球的平均距离大约为38440千米，这个距离相当于地球半径的60倍，也约等于环绕地球的赤道10圈的行程。如果把30个地球一个个地排列起来，才能勉强到达月球轨道。还记得我们之前在讲到月相的时候，说过近地点和远地点吗？月球绕着地球进行公转的轨道并不是正圆形而是椭圆形的，所以月球与我们的距离是随着天体的运动而不断变化的，距离我们时而远，时而近。如果我们仔细地观察每天的月亮，可以发现月亮有时看起来很大，有时却很小。这和它的亮度一样，都是随着运动而发生改变的。

科　科：那月亮上面也和地球一样，有着山河湖海吗？

爷　爷：1609年，意大利的科学家伽利略制成人类历史上第一台天文望远镜。这是人类第一次运用较科学的仪器对遥远星球进行观测。伽利略首先观察了月球，但结果让他十分震惊。在人们之前已有的认知中，月球是光滑明亮的。而通过天文望远镜，看到月球有的地方明亮，有的地方很暗，而且并不光滑，有很多的坑坑洼洼，有的地方凸起得十分明显，像山丘一样。随着观察时间的变化，月球的明暗还会改变。伽利略当时就认为，一直处于黑暗的地方是月球上的"海"，而明暗不断变化的凸起是月球上的"山"。

阳　阳：之后的科学家研究过月球表面的山和海吗？

爷　爷：在伽利略的研究基础上，人们也很想知道月球的真实面貌。随着科学技术的不断发展，科学家们对月球进行不断的观察，也绘制了越来越精细的月球表面的图像。但同时，人们也意识到了，我们用天文望远镜观察到的月球表面，仅仅是它面对我们的那一面，没有办法看到月球的整体面貌。

科　科：那人们有没有到达月球背面查看整个月球呢？

爷　爷：后来呀，直到1959年，苏联发射的"月球三号"火箭，第一次成功地飞到了月球的背面。原来，月球的背面和它的正面一样，看起来都很荒凉坎坷，而且月球背面的山地比正面要多。而伽利略所认为的"海"，是他所观察到月亮表面的黑色暗斑部分，其实月球上并没有水的存在。这些黑色的地方是比旁边的平原相对低洼的地方，我们可以将其想象成没有水的湖或河。

阳　阳：哇，好神奇呀，但为什么没有水也被我们叫作"海"呢？

爷　爷：这些暗暗的阴影，我们肉眼就可以看到。伽利略观察到它们的时候，认为是"海"，早期的科学家们由于没有先进的天文设备也没法清晰地看到月球的细节，就按照对于地球的理解，认为黑暗的地方和地球上的海相同，是波浪滔滔的海洋。而且还给这些"海"起了很多好听形象的名字——雨海、晴海、云海、静海、风暴洋等。1647年，波兰天文学家约翰内斯·赫维留创造了"maria"一词。至此，"月海"这个正式名称就算是诞生了。

阳　阳：那这些月海都是被陨石砸出来的坑吗？

爷　爷：月海是如何形成的，也是天文学家一直想要探寻的奥秘。目前认为，月海形成于距今39亿至31亿年前，而陨石坑的形成，比这个时间要靠后。不过大部分学者还是认为，月海是外来的天体对月球进行撞击后形成的。

科　科：还有其他月海形成的假设吗？

爷　爷：天文学家假设由于月球的质心是偏向地球的，所以在面向地球的一面熔岩可以处于平衡的状态，更容易形成月环形的海。月海的存在,激发了我们富有想象力的前辈科学家向天文学知识求索的热情。同时,现代的天文学家也不断地对月海进行观测与思考,它对探寻月球的奥秘也极具参考价值。

阳 阳:那月球上的山也不是真正的山吗?

爷 爷:说完海,让我们来说说月球上面的山。月球的表面是存在真正的山的,月球上有很多环形山,也有和地球上很相似的连绵不断的险峻山脉与高地。我们站在地球上所能观察到的月球上比较明亮的地方,和月海相似,叫作"月陆"。月陆是能够反射更多太阳光的地方,比月海高出两三千米。

月海并不是真正的海洋,而是一些古老的火山喷发留下的大型平原,因其表面颜色较深而得名为"海"。

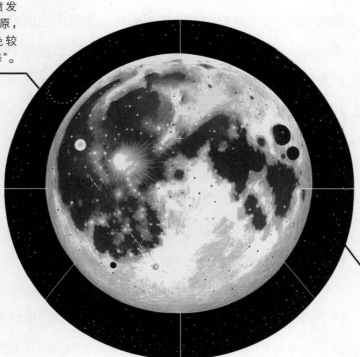

月海的表面较为平坦,通常颜色较暗,看起来像一片巨大的灰色平原,地形起伏较小。

科 科：月球上的山有多高呀？

爷 爷：在月球南极的附近有一座莱布尼茨山脉，拥有着非常宏伟的景象。中国"嫦娥一号"对其进行了测量，它的山峰，最高的地方竟然有9840米，比我们地球上最高的珠穆朗玛峰还要高出近1000米。

阳 阳：那么高呀！那月球上的山有什么特点吗？

爷 爷：月球上的山脉和地球上的山脉在外形上也有不同的地方。月球上的山脉有着层叠的陡壁和深深的峡谷，普遍呈现出两边不对称的特点。朝向月海的一边，是非常陡峭的，甚至会呈现出断崖，而另一边是比较平缓的。

科 科：那我们用天文望远镜看到月球上圆圆的坑是月海还是山呢？

爷 爷：我们看到的呀，是月球上的环形山。环形山在月球上的山里面，算得上是最具特色的。而且，环形山也是月球表面最显著的特征，几乎分布在月球表面的各个角落。它的形状近似于圆形，内侧较陡峭，外侧的坡度很小，和我们地球上的火山口或陨石坑的地形很相似。

阳 阳：环形山周围还有其他形状的山吗？

爷 爷：在一些大环形山中央的平坦部分，往往还有一个中心小山，这种孤立的山峰叫作"中央峰"。它们重重叠叠，密密麻麻，星罗棋布。和一般的月球山脉相比，环形山的大小相差悬殊。最大的环形山直径达295千米，位于月球的南极附近，最小的直径仅几厘米。

科 科：人们是怎么给月球上的环形山起名的呢？

爷 爷：环形山的命名也十分有趣，沿用了古人的规定，用世界著名的科学家与思想家的名字来命名。如哥白尼环形山、阿基米德环形山、牛顿环形山、伊巴谷环形山、卡西尼环形山等。在月球背面的环形山中，有五座分别以我国古代天文学家名字命名的环形山——石申环形山、张衡环形山、祖冲之环形山、郭守敬环形山和万户环形山。

阳　阳：有哪些具有代表性的环形山呢？

爷　爷：这些环形山里，阿基米德环形山是比较大的三个环形山之一，直径有80千米。哥白尼环形山是月球上最突出的环形山之一，直径为93千米，是比较年轻且保持完好的一座环形山，也是月球上辐射纹的发源地。

阳　阳：那环形山也是由于天体的撞击而产生的吗？为何形成得这样圆呢？

爷　爷：环形山的形成，有两种说法。大多数人认为是落在月面上的陨石撞击的功劳，但也有少数人认为有一部分是火山爆发形成的。

科 科：火山爆发是如何形成环形山的呢？

爷 爷：火山喷发时岩浆喷涌出来，向四面八方流去，形成了环形山壁，火山口就是环形山中间的盆地。但不同意此种看法的人认为，月球上的环形山口的直径比地球上的火山口大很多，不可能是一座火山。

科 科：怎么通过陨石撞击产生环形山的呢？

爷 爷：美国地质学家、地貌学家吉尔伯特于1892年提出月球表面大部分环形山是撞击形成的。这种说法认为行星际空间有许多游荡的石块，地球上覆盖着很厚的大气层，较小的陨石剧烈地和大气层相撞就变成了流星，被燃烧殆尽。也有的陨石砸到了地球上，形成了陨石坑，但很少。月亮没有大气层保护，陨石可以毫无阻拦地冲击月面，造成坑穴和环形壁。小天体撞击了月球，撞击体使得大量的火山岩浆喷发出来，形成了火山口一样的环形山。而当岩浆冷却后，就留下并形成了一望无际的平原。这两种说法都很有道理，有待天文学家进一步探索与研究。

科 科：除了山和"海"，月球上还有一些什么特别的地形地貌吗？

爷 爷：除了山和"海"之外，还有几个与月海地形相似的"湖"，如梦湖、死湖、夏湖、秋湖、春湖，有的"湖"面积甚至比"海"还要大。从月海往陆地方面伸出的部分，还存在一些"湾"和"沼"。比如露湾、暑湾、中央湾、虹湾、眉月湾，以及腐沼、疫沼、梦沼。

科 科：那它们有什么区别吗？

爷 爷：它们的名字都挺特别的，但实际上并没有太大的区别，外形都与地球上的盆地很像。还有以环形山为中心向四面八方

伸展的长而宽的"辐射纹"，以及像峡谷一样长长的裂缝"月谷"等。你们知道吗？月球上的环形山还有一种独特的景象，叫作月辉。

阳　阳：月辉是什么呀？是月亮反射的太阳光吗？

爷　爷：早在1883年，英国的天文学家赫歇尔发现月球上的阿里斯塔克环形山发出了亮亮的光芒。他认为这种发出辉光的现象，是环形山火山喷发导致的。1955年，苏联科学家阿齐列夫也发现了月球的辉光。1958年，他在观测阿尔芬斯环形山时再次发现了这种现象，并且这次观测得更加清楚。这年11月的一个凌晨，他在克里米亚天文台观测月球环形山时，发现阿尔芬斯环形山的中央峰发出了红色的辉光，两小时后，红色的辉光又变为白色。但是到了第二夜，辉光就消失了。1961年，阿齐列夫又在阿里斯塔克环形山观测到了类似的现象，他认为这是一种火山爆发现象。

科　科：登陆月球的航天员也看到了月辉吗？

爷　爷：是的，1969年7月21日，美国的"阿波罗11号"飞船在围绕月球进行航行时，航天员阿姆斯特朗发现阿里斯塔克环形山发出荧光，他当即向地面指挥中心汇报了这一情况。

阳　阳：看来目前对于月辉到底是怎么形成的还没有定论，科学家们有哪些猜想呢？

爷　爷：对于月球发出的奇异辉光，除有人认为是火山喷发之外，人们还做出了种种解释。有人认为这种辉光同太阳有关，尤其同太阳的耀斑有着密切的联系。有人认为月壤中的气体挥发，扬起灰尘，灰尘摩擦生电，而静电积累到一定程度就产生了辉光。还有人认为，由于某种原因月球岩石发生断裂，其中的某些气体因体积膨胀而发出了辉光。上述的这些解释虽各有道理，但均未得到普遍认可，因此，月球为什么能发出辉光，至今仍是个谜。

考考你

以下哪些是月球上环形山形成的原因？

A. 火山喷发　　B. 地震

C. 陨石撞击　　D. 造山运动

5
月球的昼夜与
气候

科 科：爷爷，月球上冷不冷呀？我们可以去月球上生活吗？

爷 爷：目前，我们人类想要去月球上长期生活还是不太可能的。我们的地球由于大气层的保护，能避免太阳光芒的直接照射，而且还有海洋等水汽系统的调节，所以温度适合生物的生存。但是月球上温度变化无常，昼夜温差非常大。

阳 阳：为什么月球上昼夜温差大呢？

爷 爷：这是因为月球上没有大气也没有水，而且由于月球自转轴倾斜以及围绕地球公转的特点，月球总是一侧被太阳照亮而另一侧处于黑暗。月球上的"一天"约等于27个地球日。月球的一半将持续约14个地球日的白天，同时另一半将持续约14个地球日的夜晚。所以月球在连续经历十多天太阳的照射后，又进入了长达半个月的冰冷黑夜。

科 科：那月球上白天和晚上的温度大概是多少呢？

爷 爷：根据科学家们的测试，白天的月球温度能达到150摄氏度，而在没有太阳照射时，温度又会骤降。失去太阳的加热，月球表面的温度可降低到零下180摄氏度，这是我们太阳系中最低的温度，昼夜之间的温差300多摄氏度。

阳 阳：那生物很难在月球上生存了。

爷 爷：是啊，生物是很难在月球上生活的，而且即使在白天，由于月球上特殊的地形地貌，各地的温度也不尽相同。在阳光直射的平原或山脉上，温度甚至高到可以把人烤焦。而在一些巨石的阴暗面，或者深深的山谷里，温度保持在零下几十摄氏度。这是地球上不会遇到的事情。

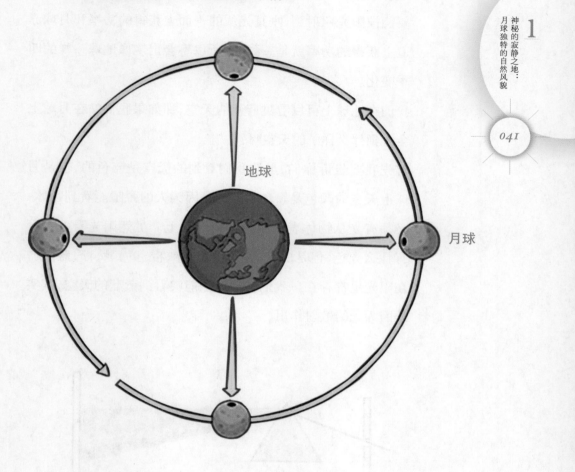

阳　阳：月球也会和地球一样有四季的变化吗？

爷　爷：月球上是没有像地球上这样的四季交替变化的。一颗星球
　　　　有没有四季，关键就在于这颗星球的自转轴与运行轨道平面
　　　　的夹角大小。月球的自转轴倾角为6.68°，只有地球的自转
　　　　轴倾角的四分之一多一些，因此太阳的直射与斜射在月球围
　　　　绕地球公转一圈时并不十分明显。

科　科：月球没有大气层，会不会也是月球没有四季交替的原因？

爷　爷：是的，在月球的表面，可以说是没有大气层的，因此在没有大

气吸收太阳照射以及保温的条件下,月面上的任何一点,只
要能被阳光照射到,垂直光线的平面上获得的功率和月球赤
道上获得的功率就是一致的,所以不会出现像地球一样的四
季变化。

阳　阳:我们在地球上可以看见蓝蓝的天空,那如果我们站在月球上
会看到什么样子的天空呀?

爷　爷:首先我要告诉你们,虽然我们看到的天空是蓝色的,但是月
球上天空的颜色是黑色的。这是因为人的眼睛能看到物体,
必须有光从物体表面反射到视网膜上。虽然阳光看上去没
有什么颜色,但是所有的颜色——赤、橙、黄、绿、青、蓝、紫,
在阳光里都存在。我们在地球上能够看到蓝蓝的天空,其实
是因为光的散射作用。

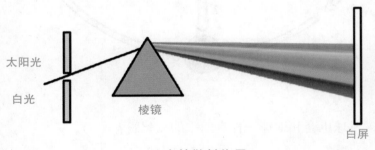

光的散射作用

阳　阳:我很好奇光在散射过程中发生了什么。

爷　爷:我们可以把光线想象成波浪,如果有一滴雨水落在平静的池
塘里,水面上就会出现小波浪。波浪一起一伏地变成更大的
圈,向着四面八方扩展开去。如果这些波浪碰上一块小石子
或一个别的什么障碍物,它们就会反弹回来,改变了方向。

光所必须穿透的空气并不是空的,而是由很多很多小的微粒组成的。而阳光从天空照射下来,一样会连续不断地碰到某些障碍。

科 科: 那么光在遇到障碍后会发生什么?

爷 爷: 根据科学家的测定,蓝色光和紫色光的波长比较短,相当于"小波浪";橙色光和红色光的波长比较长,相当于"大波浪"。当遇到空气中的障碍物的时候,蓝色光和紫色光因为翻不过去那些障碍,便被"散射"得到处都是,布满整个天空。天空就这样被"散射"成了蓝色。当太阳光射入大气层后,遇到大气分子和悬浮在大气中的微粒,就会发生散射,这些大气分子和微粒本身是不会发光的,但由于散射了太阳光,它们使每个大气分子形成了一个散射光源。在傍晚的时候,我们

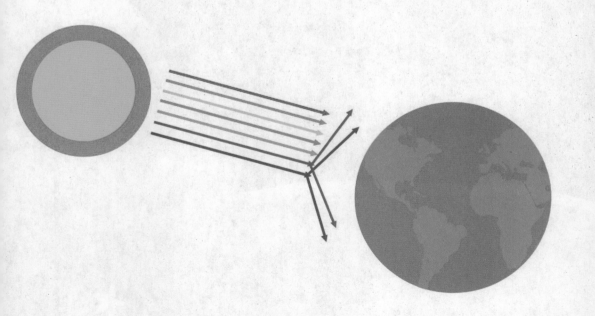

看到的不是蓝蓝的天,而是红红的晚霞。由于红、橙、黄等颜色是波长较长的"大波浪",它们的光透射能力很强,地平线上空的光线就只剩波长较长的黄、橙、红光了。这些光线经空气中各种气体分子和水汽等杂质的散射后,天空中就出现了绚丽的色彩。

科 科:月球上没有大气层,那是不是就看不到蓝色的天空了?

爷 爷:对,站在月球上看天空是一片黑色。在月球表面没有大气层的覆盖,更没有任何能反射太阳光的颗粒。因为月球表面没有足够的空气散射光线,所以看起来是黑的。而且在月球上没有能够使得光线发生折射的物体,人就无法感觉到光,也看不到光,所以到处是黑蒙蒙的。荒漠的月面上,满眼只有墨黑、雪白两种相反颜色。照在月球表面的光全部被地面的岩石反射到外太空,因此,人们在月球上仰望天空时,看到的全部是黑茫茫一片。

阳 阳:那我们站在月球上,还能看到星星吗?

爷 爷:虽然阳光在月球上看起来更加明亮刺眼,在它的上空却有满天的星斗,无论白日黑夜,天空永远漆黑一团。因为没有大气,所以变幻莫测的美丽云彩从来不会出现,也不会有风雨变幻的万千气象。

科 科:在月球上看日出,感觉会见到美丽的景色。

爷 爷:确实是奇景,因为没有大气散射光的干扰,所以在日出前几分钟,月球的"地平线"就被日冕淡淡的光照亮了。太阳刚从"地平线"露面,银白色的耀眼光芒就四周散射开来,上下一样通明。如果从月球上看地球,简直就像在欣赏一幅令人赏心悦目的名画。地球深蓝色的海洋中有着大块黄色或棕色的陆地，不时还有美丽的白云在上方飘荡，难怪那些航天员都情不自禁地大声赞美我们的地球是"飘浮在广阔宇宙空间中的最美丽的绿洲"。

考考你

站在月球上能看到什么颜色的天空？

A. 黑色　B. 蓝色

C. 绿色　D. 红色 _____

6
月球的资源

科　科：月球和地球的关系真的又紧密又微妙，那月球的内部构造也和我们在地理课上学的地球的内部构造相似吗？

爷　爷：和地球一样，月球的表面也是土壤，厚度从几厘米到几十米都有。人们原来以为月球上的尘土很松软，可人类登上了月球以后，留下的第一个脚印却只有几分之一厘米深。后来科学家们通过对从月球上带回来的月壤进行分析研究，发现月壤里含有氧、硅、铁、硫、钴、铝、镁、钛等元素，没有发现与地球上不同的新元素。

阳　阳：还有其他有趣的发现吗？

爷　爷：很有意思的是这些月壤里含有不少玻璃质的小珠，它们很可能是流星体撞击月面，产生高温高压，岩石被熔化后，向周围飞溅形成的。月壤下面是岩石，大多是由熔岩凝固而成的玄武岩。地球的玄武岩中含量很丰富的钠和钾，在月球上倒很少见，而在地球上相当稀有的锆、铪、钇和稀土元素，在月岩中含量却很高。月岩中含有很多的铁、铝和钛，将来可以开发这些矿藏，用来满足人类的需要。

阳　阳：月球上最古老的岩石有多大的年龄？

爷　爷：人们利用放射性年代测定法，测得月面岩石的最大年龄是47.2亿年，与地球年龄差不多。月亮和地球很可能是在同一种环境条件下同时诞生的。

科　科：爷爷，月球上有什么可供我们利用的资源吗？

爷　爷：月球上有着非常多的氦-3，这是氦元素的一种同位素。由于月球没有和地球相似的大气层保护，也不存在磁场，含有很多氦-3的太阳风在几十亿年间不断轰击月球，便存留了下来。所以这种元素在地球上极少，在月球上的储量却很多。这种元素在未来有可能作为一种清洁能源，应用于可控核聚变的科学研究上，也就是人们平时所说的"人造太阳"。

阳　阳：核能听起来不像是清洁能源，核武器不就是利用核能吗？

爷　爷：核武器的确是核能的一种利用方式，但我们的目的是将核能和平利用，所以人类试图用核能发电。各国自20世纪五六十年代以来大力发展核电，目前主要采用核裂变方式，未来的发展方向是可控核聚变。

氦-3

科　科：月球上的氦-3在核能中可以发挥什么作用呢？

质子

质子　中子

爷　爷：核聚变需要的是氢的两种同位素氘和氚，这两种物质在自然界中分布广泛，同时核聚变的产物不具备放射性，不会造成污染。如果使用氦-3进行热核反应来提供能源，只会产生没有放射性的质子，不会产生有害的废料或者辐射，更不会产生温室气体，污染环境，是我们在面对能源危机与气候变化下亟须发展的清洁能源。

阳　阳：现在有可控核聚变的使用方法吗？

爷　爷：到目前人类还没有完全掌握可控核聚变的使用方法，科学界公认的比较可行的方式是采用磁约束核聚变（EAST）装置，我国位于安徽合肥的EAST装置目前位于全世界最前列。根据大致的估计呀，月球上存在的氦-3至少有100万吨，而100

吨氦-3产生的能量就可以供全世界使用一年！如果我们可以对氦-3进行提取，并且有相应的技术，月球上的氦-3基本上可以解决人类的能源问题。

核聚变反应

聚变时由较轻原子核聚合成较重原子核释出能量，最常见的是由氢的同位素氘和氚聚合成较重原子核并释放能量

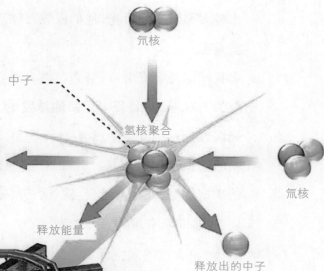

氘核

中子

氢核聚合

形成氦核

氚核

释放能量

释放出的中子

核聚变较之核裂变两大优点

地球上蕴藏的核聚变能远比核裂变能丰富。

干净安全，不会产生污染环境的放射性物质，同时受控核聚变反应可在稀薄气体中持续稳定地进行。

核聚变反应装置

科　科：我们都可以登月了，不能把氦-3带回来使用吗？

爷　爷：虽然氦-3在月球上的储量很多，但它的提取、保存、运输等都是很难的。比如，需要将月壤加热到700摄氏度以上才能把氦-3提取出来。

阳　阳：月球离地球很远，也很难把氦-3运送过来。

爷　爷：是啊，这需要在月球和地球之间开发和建成有足够推力的运载火箭。不过被科学家们称为"完美能源"的氦-3，吸引了越来越多科学家的目光，他们设想月球基地就使用氦-3来提供能量呢。

阳　阳：那我一定会好好学习，努力在将来建立一个可以开采氦-3原料的月球基地，将氦-3运回地球发电，这样人们就不用烧油烧煤，也不会有环境污染啦。

爷　爷：哈哈，好孩子，有志气！月球这个"能源宝藏"还有很多其他的矿产资源，如稀土元素、铁、钛、钾、磷、锌等，如果将来能开发，也是非常有用的。

科　科：爷爷，我看过的太空课堂里说，月球可以给我们人类很多的科学实验提供有利的条件，对吧？

爷　爷：科科说得对，月球本身的自然环境对我们来说也是一种资源。首先是因为月球的表面是真空的，重力只有地球的六分之一，可以为很多物理学、化学、材料学实验提供条件。此外，月球上没有大气层，阳光可以直射到月球的表面而没有损耗。

阳　阳：太棒啦，那我们在月球上建立太阳能发电站就可以生产很多很多的电！

爷　爷：如果我们可以在月球上建立太阳能发电站，发电效率将会大大提高。由于没有大气的遮挡和波动影响，在月球上拍摄到的图像会比在地球上拍摄的清晰很多，光学观测等也可以随时进行。在未来，我们人类还是要飞出地球，飞向广阔的太阳系，月球就会是我们通往宇宙星际的第一站。

考考你

以下哪些稀有元素在月岩中含量很高？

A.锆　B.铪　C.钇　D.铁

2

火箭载着航天梦起飞：
登月的实现方式

科科在阅读《月中人》时，看到书中描述了一个被放逐的西班牙好人多明哥·冈萨雷斯驯服了野天鹅，让许多野天鹅带着他飞往月球。在飞往月球的行途中，还穿插着对光、行星运动和月球引力的科学猜想。于是科科问爷爷："月球作为距离地球最近的天体，我觉得我们对它的认知还是很有限的。古时候的人们会向往着到月亮上面去看一看吗？"爷爷说道："当然会啦！自古以来，月亮激发了作家和科学家的无穷想象，无论是想象还是在现实中，人们的登月梦想都未停止。"一旁的阳阳也很好奇，爷爷笑着说："如果你们有兴趣，我们就来聊聊古人对于如何到达月球稀奇古怪的想法，以及现代科学家如何让人登上月球。"

1
古人的登月梦想

科 科：在古时候，人们对于如何登月有哪些设想呢？

爷 爷：原始人曾望着夜空中明亮的圆盘，看看它周期性地改变着自己的形状，是那样的神奇。从远古社会开始，月球就是自然崇拜的重要对象。

人们设想登上月球的办法，首先想到了投掷法，想象着如果有一根长长的管子做牵引与供养，是否可以用投石器将人投到月球之上。

科 科：这听起来不大可能实现，还有其他的设想吗？

爷 爷：还有借助大炮的方法。史上第一部科幻电影《月球旅行记》改编自科幻小说巨匠凡尔纳的小说《从地球到月球》和威尔斯的小说《第一个到达月球上的人》。在这部只有14分钟的无声黑白电影中，6名科学家建造了一个子弹形的太空舱，并将其装入一门巨大无比的炮中。大炮将太空舱和科学家送上了月球。

阳　阳：我知道！还有嫦娥奔月的故事！

爷　爷：是的，在中国古代西汉的"百科全书"《淮南子》中，记载了嫦娥奔月的故事。嫦娥仙子服用了西王母的不死之药，飞升到了月亮之上，最后定居在广寒宫。

阳　阳：我们可以修一部连接地球和月球的电梯吗？

爷　爷：其实科幻小说家亚瑟·克拉克在《天堂之泉》中创造出了能够将货物和人极其方便地送入太空的电梯，在地球和月球上各建造一部基于碳纳米管材料的太空电梯，探测器或飞船就可以利用电梯实现多次重复的运输。同样借助"梯子"登月设想的，还有德国的童话故事《吹牛大王历险记》，男主角种的魔豆长成了通向月球的豆蔓天梯。而如今工程师发现以纳米技术为基础，太空电梯有望从科幻走向现实。

阳　阳：哇，听起来真有趣！除了凭空想象的这些方法外，古人有没有真正去试试的呀？

爷　爷：除了设想，第一个为登月付诸实践的是我国明朝的万户，他试图用爆竹法登上月球，同时他也被评价为试图利用火箭作为交通工具的第一人。其实，我们今天的登月火箭的推进原理跟"钻天猴"的道理是一样的，都是利用燃料燃烧的化学能，向后喷射物质获得向前的推力。万户坐在绑着古代"火箭"的椅子上，想飞上天空。"火箭"点燃后爆炸，万户献出了生命，他为人类飞行的梦想而牺牲。他的努力虽然失败了，

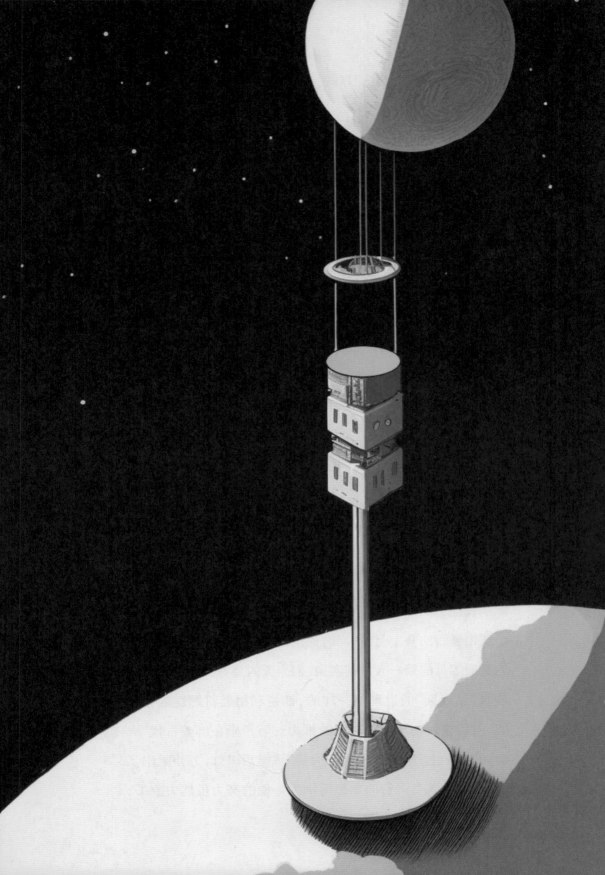

但他借助火箭推力升空的创想是世界上第一个,因此他被世界公认为"世界航天第一人",为了纪念这位世界航天始祖,科学家将月球上的一座环形火山命名为"万户山"。

阳 阳：他好勇敢！除了这些还有什么别的设想吗？

爷 爷：当然,有很多设想还停留在了科学家们的大脑里或实验室的"黑科技"上。比如,使用反物质的方法。反物质是一种和正常物质的质量完全相同,但电荷相反的物质。当反物质和正常物质碰撞时,正反物质的质量将全部转化为能量,这是目前已知的效率最高的燃料。《星际迷航》中企业号星舰飞行所使用的就是反物质。

科 科：反物质可以大规模应用吗？

爷 爷：目前而言,这个方法距离实际应用还非常遥远,实验室里制造的反物质所产生的能量只能让一盏100瓦的灯泡点亮5分钟。此外还有激光推进法。由于激光具有能量集中、方向性强的特点,可以利用大功率的激光器,从远距离将激光射入探测器的推力器中,燃烧其中的燃料使等离子体爆炸产生反冲力推动探测器前进。

考考你

被公认是尝试利用"火箭"飞行的

世界第一人是？

A. 万户   B. 马钧

C. 克拉克   D. 凡尔纳

2
"太阳帆推进法"：
用大帆船飞往月球

科　科：爷爷,您知道"太阳帆推进法"的登月设想是什么吗？

爷　爷：对,爷爷差点忘了这种设想方式。你们想象一下,风筝为什么可以飞上天空？风筝是一种单纯利用空气作为动力的飞行器,通常是在竹篾等骨架上糊上纸或绢,由系在上面的长线牵引,并顺着风势施放于天空。但是,风筝必须要在有风的情况下,通过提线的牵引才能飞起来,至于断了线的风筝,它是飞不了多远的。

阳　阳：风筝是怎么保持平衡的？

爷　爷：风筝在风力、牵引力和扬力的共同作用下才得以保持在空中的平衡。所以,当风力大的时候,则放线；当风力小的时候,则收线。这样的话,风筝就可以越飞越高,一直飞在空中。

科　科：第一次根据放风筝原理提出"太阳帆推进法"概念的是谁呢？

爷　爷：根据风筝与帆船的原理,1924年,苏联科学家首次设想了"太阳帆推进法"概念。风筝飞上天空靠的是风的升力,而在宇宙里飞行的太阳帆靠的是太阳光的压力,利用太阳光子撞击太阳帆产生光压,从而推动航天器飞行。光虽然没有质量,但是组成光的每个光子都有一定的动量。当光子撞在帆上被吸收时,按照动量守恒原理,太阳帆就会获得额外的动量。

科　科：太阳帆是由哪几个部分组成的？

爷　爷：太阳帆推进系统主要由太阳帆薄膜和支撑展开结构等组成。薄膜多采用聚酰亚胺、聚酯等聚合物材料,具有超大、超轻、超薄、反射率高等特点,以拦截大量光子产生足够推力；支撑展开结构主要采用轻质、高强度的复合材料等。太阳帆薄膜和支撑展开结构在发射前以Z形、卷曲、立柱式以及同轴伸缩等方式折叠，入轨后展开。

阳　阳：太阳风有足够的力量推动飞行器的飞行吗？

爷　爷：太阳风确实是不够"给力"，所以人们想到了借助外力，使用地球上大功率激光阵列发射。霍金提出的"突破慑星"计划中，几克的纳米飞船能飞向距地球约4.25光年的半人马座比邻星，所采用的方法本质上就是"激光推进法"加上"太阳帆推进法"的组合。

阳　阳：那有没有科学家进行尝试呢？

爷　爷：这种方法不用像发射火箭一样需要携带足够的燃料，在理论上是完全有可能实现的。目前，"太阳帆推进法"已在太空轨道上取得试验成功。

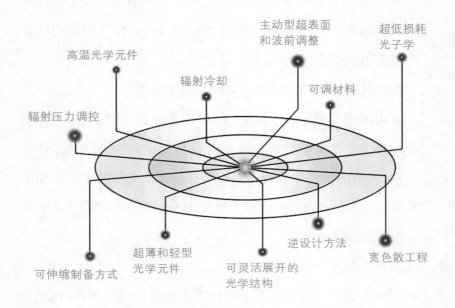

高温光学元件

主动型超表面和波前调整

超低损耗光子学

辐射冷却

可调材料

辐射压力调控

逆设计方法

宽色散工程

可伸缩制备方式

超薄和轻型光学元件

可灵活展开的光学结构

知识卡片

（1）2010年底至2013年，美国国家航空航天局利用"纳帆"–D2卫星成功开展为期240天的太阳帆在轨飞行试验，并验证了利用太阳帆使低地球轨道轨纳卫星离轨的技术。

（2）2015年5月，美国行星学会研制的"光帆一号"试验卫星对边长5.5米的太阳帆进行展开试验和运行状态监测。

（3）2019年6月，美国行星学会研制的"光帆二号"搭载"猎鹰重型"火箭入轨，7月成功展开太阳帆并进行变轨，远地点高度在数周时间内提升了约2千米，成功验证了"太阳帆推进法"。

科　科：这个方法听起来在未来可能真的会成功实现呢！

爷　爷：是的，尽管"太阳帆推进法"在技术的萌芽阶段出现了许多问题，但太阳的光线可以为太阳帆提供最强大的推进力，至少可以保证它能在太阳系内飞行，因此"太阳帆推进法"仍然是一项非常有希望的未来太空技术。"太阳帆推进法"无须传统推进剂，成本低、工作寿命长且绿色环保，该技术可用于星际探测和地球轨道航天器机动飞行，将使无法安装复杂和较大质量推进系统的卫星具有变轨和离轨功能，不仅能提升卫星完成任务能力，还将使其避免成为太空垃圾。这个技术已成为美国和日本等国家重点发展的新型航天器推进技术，将来，人类还可能会利用太阳能实现星际间旅行。

考考你

"太阳帆推进法"是由哪国科学家提出的？

A. 中国　B. 美国

C. 苏联　D. 日本

3

火箭法：火箭是登上月球的关键

阳　阳：除了这些设想，目前最靠谱的是不是还是利用火箭登月的方法呢？

爷　爷：是的，目前人类所有的月球探测，都是通过火箭将月球探测器或者载人飞船送入飞向月球的轨道的。火箭来源于第二次世界大战时的导弹技术，本质上是利用燃烧自身携带的推进剂而产生强大推力的运载工具，它所产生的推力使自身加速直到克服或摆脱地球的引力。

科　科：爷爷，我最近学习了火箭的知识，听说火箭是在一个叫作"发射基地"的地方发射的，是吗？

爷　爷：没错，火箭发射需要一个特殊的场地，这个场地就是发射基地。发射基地一般由政府或者军队管理，因为它们需要一定的安全保障和控制。发射基地里有很多科学家和工程师，他们会通过仪器和控制台来监测火箭的各种参数，确保火箭能够平稳地升空。

阳　阳：哇，那火箭发射基地一般建在哪里呢？

爷　爷：火箭发射基地通常会建在广阔平坦的地方，因为火箭的体积比较大，需要有足够的空间来运输和发射。有些火箭发射基地会建在海岸边，方便将废弃的火箭部件和燃料送往海洋。同时，发射基地通常需要建在人口稀少的地区，以确保安全。

科　科：那我们国家的发射基地建在什么地方呢？

爷　爷：文昌卫星发射基地是中国第一个滨海发射基地，这里不仅风景优美，而且纬度低，靠近赤道，具备优越的地理条件。火箭从这里发射，能够更好地利用地球的自转速度，节省燃料，从而更快地飞向太空。

阳　阳：火箭发射基地还有什么特别的地方吗？

爷　爷：火箭发射基地周围会设置一些安全区域，确保在发射时不会对人造成伤害。此外，火箭发射基地还会有专门的控制中心，负责掌控整个发射过程，确保火箭能够安全起飞。

科　科：爷爷,那发射基地里有哪些设备呢?

爷　爷：除了控制台和仪器外,发射基地里还有发射塔、起重机、推进剂库等。发射塔就是火箭发射的平台;起重机则可以将火箭和其他设备吊装到发射塔上;推进剂库是储存火箭燃料的地方,这个燃料可是火箭发射必需的东西。

科　科：火箭到底有多大呢?

爷　爷：火箭非常非常大,因为需要携带很多的燃料和设备。比如,"阿波罗11号"使用的"土星5号"火箭高达110米,质量达3000吨,比600头大象还要重!

阳　阳：火箭那么大，它怎么才能到达发射基地呢？

科　科：是啊，还有那么高的火箭塔，怎么装到运输车上呢？

爷　爷：其实火箭和火箭塔是分开运输的。火箭被分成几个部分由一系列的运输车分别运输。以"长征五号"火箭的运输为例，先将其分成几个部分，分别装在专门的特种集装箱上，再吊装到"远望号"火箭运输船上，完成海上航程后，通过公路或铁路运送到发射场，最后由运输车将火箭送到发射基地进行总装。

阳　阳：这么麻烦，为什么不直接把整个火箭运输过去呢？

爷　爷：因为整个火箭太大了，不容易运输。而且分成小部分运输还有一个好处，就是可以避免出现单个部分运输不便或发生故障的情况。

科　科：这些火箭部件是如何安全地被运输到发射基地的呢？

爷　爷：这是个好问题，科科。这些火箭部件在运输时必须得到精心的保护。为此，运输车辆通常配备了专门的防震设备，而火箭部件本身也要经过严格的包装和填充，以确保它们不会在运输过程中受到损坏。在运输途中，货仓的温度、湿度、盐度等都需要进行实时监测和控制。

阳　阳：那飞船又是怎么和火箭连接在一起的呢？

爷　爷：当宇宙飞船进入太空时，它需要搭载在火箭上。为了保证宇宙飞船和火箭可以紧密连接，我们需要使用一种叫作"适配器"的东西。

阳　阳：适配器？是什么东西啊？

爷　爷：适配器就是一种连接器，是在航天器与运载火箭之间起连接作用的辅助装置。适配器的形状和大小要根据宇宙飞船和火箭的不同形状和尺寸来设计，这样才能确保连接牢固可靠。

科 科：爷爷，适配器是不是很容易制造啊？

爷 爷：并不是，科科。适配器的设计和制造需要非常精密的计算和测试。因为一旦适配器失效，就会导致宇宙飞船和火箭分离，这将会是一场非常严重的事故。

科 科：火箭是如何实现升空，并且最终携带飞船奔向月球的？

爷 爷：弄清这个问题我们需要了解一些物理学知识。首先，火箭升空的过程中需要克服地球的重力，这需要强大的推力和速度。这些都是由火箭发动机提供的。

阳 阳：可是为什么火箭会有这么强大的推力呢？

爷 爷：这是因为火箭发动机利用了一种叫作"燃料推进"的科学原理。简单来说，当推进剂在发动机中燃烧时，释放出大量的高压气体，高压气体从发动机喷管高速喷出，对火箭产生反作用力，使火箭沿气体喷射的反方向前进，从而让火箭向上升空。

科 科：爷爷，我一直很好奇，为什么火箭发射的时候有三级点火呢？

爷 爷：这是因为火箭需要越来越大的推力才能进入轨道，而三级点火就是为了提供足够的推力。

阳 阳：为什么要分三级点火呢？

爷 爷：因为火箭的发射过程中需要不断地提高速度，而每个部分的发动机都有自己的燃料和氧气，只能提供有限的推力。所以，火箭需要在途中抛掉一些部分，以减小自身的质量，从而提高速度。只有按照一定的顺序逐级点火，才能将火箭送上太空。

科　科：那三级点火具体是怎样进行的呢？

爷　爷：第一级点火是为了让火箭离开地球表面，当第一级火箭的燃
　　　　料燃烧完毕后，就会分离并且自行返回地面。这时第二级就
　　　　会点火，第二级点火是为了让火箭进入轨道，继续向前飞行，
　　　　继续为火箭提供推力。第二级火箭的燃料燃烧完毕后，也会
　　　　自行分离并且返回地面，然后第三级点火，最终将火箭送上
　　　　太空。

阳　阳：为什么不从一开始就进行三级点火呢？

爷　爷：因为这样做会浪费很多燃料。当火箭刚发射时，重力作用非
　　　　常强，需要足够的推力才能克服它。但是一旦火箭离开了地
　　　　面，它的速度就会逐渐提高，重力的影响也会逐渐减小。所
　　　　以，如果火箭在一开始就进行三级点火，那么它会消耗很多

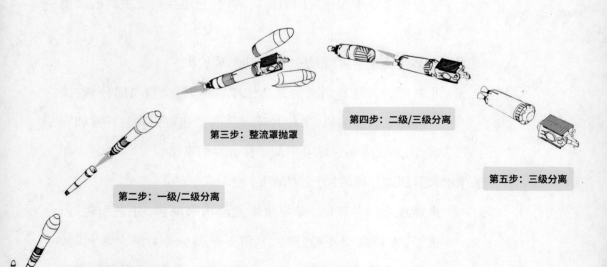

第三步：整流罩抛罩

第四步：二级/三级分离

第二步：一级/二级分离

第五步：三级分离

第一步：助推器分离

燃料，这些燃料最后可能用不上。

阳　阳：那第一级点火需要多长时间呢？

爷　爷：第一级点火的时间比较长，通常会持续几分钟。这段时间内，火箭需要克服地球的引力和空气的阻力，提升到足够的速度，然后将第一级分离。

阳　阳：那第二级和第三级呢？

爷　爷：第二级和第三级点火的时间相对较短，只有几十秒到几分钟不等。这是因为在第一级分离后，火箭已经进入了上层大气层，空气的阻力已经减小，所以不需要太长时间的点火就能达到足够的速度。

科　科：火箭的第三级发动机和其他两级发动机有什么不同呢？

爷　爷：第三级发动机，通常是火箭上最后一个点火的发动机。与其他发动机不同的是，第三级发动机的推力通常要更强，因为它要把火箭送入预定的轨道。同时，它也要耐受更高的温度和压力。

科　科：那么火箭升空后，它是怎么到达月球的呢？

爷　爷：非常好的问题！当火箭到达地球轨道时，会将飞船分离，接着点燃它的发动机，飞往月球。这需要非常精确的计算和导航，因为要飞到月球可不是一件容易的事情。

阳　阳：火箭到达月球后，怎么着陆呢？

爷　爷：火箭在靠近月球时，需要使用发动机来减速，并进入轨道。接着，火箭会与飞船分离，只留下一部分来着陆。着陆时，火箭会点燃发动机，以减缓下降速度。最终，飞船着陆在月球上。

科　科：万一火箭在发射时出现意外，那航天员怎么办呢？

爷　爷：这时会发射逃逸塔，逃逸塔是一种安全装置，主要作用是在火箭发生意外情况时，保护航天员的生命安全。逃逸塔一般位于火箭的顶部，与飞船连接在一起。当火箭出现问题时，逃逸塔会立即启动，将飞船从火箭上分离出来，并将航天员带离火箭，送回地面安全地降落。

阳　阳：火箭在起飞后，如何与地面人员实时联系？

爷　爷：当火箭起飞后，它会和地面的通信设备保持联系，这些设备包括卫星通信设备和无线电设备等，它们位于全国乃至世界各地的地面测控站、海上测控船、深空测控站，这些通信设备负责监测并操控火箭与探测器。

考考你

火箭需要几级点火？

A. 一级　B. 两级

C. 三级　D. 四级

3

回首漫漫探月之路：

世界的登月足迹

有一天,科科在学校学习有关太空的知识。他的老师讲到,人类曾经登上月球。科科也曾经听爷爷讲过人类登月的故事,他想了解关于人类登月的更多细节。于是,科科决定回家问爷爷。他走进爷爷的房间,发现爷爷正在看有关太空的书。科科问:"爷爷,您之前说过人类曾经登上过月球,对吗?""是的,孩子。"爷爷回答说,"在1969年,人类第一次登上了月球。那是一个非常重要的时刻,因为它标志着人类对太空的探索和了解进入了一个新的阶段。"科科想知道更多有关人类登月的细节。爷爷告诉他,美国航天员阿姆斯特朗是第一个登上月球的人,他曾经说:"这是一个人的一小步,却是人类的一大步。"科科听完这个故事后,决定继续学习有关太空和人类登月的知识,他想着如果有机会,一定会像爷爷说的那样,成为一名太空探索家,为人类的太空事业贡献力量。

1

第一次飞越月球的探测器——"月球1号"

爷　爷:看来你们对于登月很感兴趣嘛,那我就聊聊人类历史上经历过登月的几个重要阶段吧!

科　科:爷爷,登月的第一个重要阶段是什么呢?

爷　爷:人类的第一步是飞掠月球。1959年1月2日,苏联发射"月球1号",两天后它从距月球5995千米处飞过,实现了人类首次月球飞掠,也是人类成功发射的第一个星际探测器。

科　科："月球1号"起飞的时候有多大？

爷　爷："月球1号"的质量约361千克，高约2.5米，宽约4米，是一个很大的探测器。

科　科："月球1号"是怎么飞向月球的呢？

爷　爷：一枚由战略导弹改装的8K72运载火箭，搭载着"月球1号"飞向月球，奔月速度达到11.17千米/秒。在印度洋上空约11.3万千米处，这个球体形状的火箭如期释放出一团金黄色的钠蒸气荧光云，在5分钟内扩散到650千米，以便地面人员能跟踪观察。

阳　阳：它的科研任务是什么？

爷　爷："月球1号"携带了磁强计、离子腔和微流星体探测装置，在飞行途中，它测量了月球和地球的磁场、宇宙射线的强度。

阳　阳：那"月球1号"成功完成任务了吗？

爷　爷："月球1号"的原计划之一是撞击月球，但逃逸阶段的程序设计有误，速度稍微过快，导致它错过了月球。"月球1号"尽管未能如愿撞上月球，但探测器的仪器工作完成，并首次返回了有关月球环境的有用数据。

科　科：爷爷能和我说说"月球1号"有哪些有趣的发现吗？

爷　爷：首先，"月球1号"探测到月球的磁场几乎为零，但科学家们意识到这也可能是因"月球1号"距离月球较远而探测不到。最重要的是飞船上的离子捕捉器证明了太阳发射的等离子流——"太阳风"的存在，这是空间时代的伟大发现之一。科学家估算太阳风速度达400千米/秒。

阳　阳："月球1号"没能完全完成任务,那这些项目有没有继续下去呢?

爷　爷：当然有。苏联后来继续发射了"月球2号"和"月球3号",1959年,"月球2号"和"月球3号"成功着陆,"月球3号"传回了第一张月球背面的照片。这个项目后来还带动了美国的阿波罗计划,成功让人类第一次登上了月球。

阳　阳：原来"月球1号"虽然没成功,但也做出了很大的贡献呢!

爷　爷：是啊,科学研究需要不断尝试和探索,每一次尝试都是很宝贵的经验。

考考你

"月球1号"实现了什么?

A. 首次飞掠月球

B. 首次硬着陆月球

C. 首次软着陆月球

D. 首次环月飞行

2
第一个抵达月球探测器——"月球2号"

科　科：人类历史上第一个着陆月球的探测器是哪个呀？

爷　爷：月球的第一位使者是"月球2号"探测器，它是由苏联在1959年9月12日发射的探测器。

阳　阳：爷爷，我听说月球探测器有硬着陆和软着陆两种着陆方式，那"月球2号"属于哪一种呢？

爷　爷："月球2号"探测器是在月球表面硬着陆的。硬着陆和软着陆是两种不同的月球着陆方式。它们的区别在于探测器着陆时的冲击力大小。硬着陆是指探测器在着陆时直接冲击月球表面，造成较大的冲击力。软着陆是指探测器在着陆时通过减速器逐渐减小速度，从而降低着陆时的冲击力。

科　科："月球2号"是怎么到达月球的呢？

爷　爷：月球2号是通过8K72-Il-7B火箭发射到达月球的，它需要进行多次的轨道修正和调整，才能到达月球的预定位置。

科　科："月球2号"和"月球1号"长得像吗？

爷　爷："月球2号"在设计上与"月球1号"十分相似，高135厘米，长179厘米，宽169厘米，质量390.2千克。它拥有8个可以独立驱动的轮子，配备了3种电视摄像头，其中一个安放在车的上方用于导航，以3.1秒/张、5.7秒/张、10.9秒/张、21.1秒/张的速度发送高质量图像。另外，它还装载了与"月球1号"基本相同的科学仪器，包括月壤结构检测器、太阳X射线探测器、天文摄像仪、磁力计、照相探测器和反射器等。

阳　阳："月球2号"的任务是什么？

爷 爷："月球2号"探测器的科学任务是测量磁场、评估辐射环境、在
飞行过程中确定微流星体的密度，其中重要的任务之一是实
现人类首次月球撞击。

科 科：那它的任务完成得怎么样呢？

爷 爷："月球2号"如期按照计划，以3.3千米/秒的速度撞击在月球
上约中经0.0°，北纬31.8°位置的两座环形山之间。在撞到
月面之前，它向地球发回了有关月球磁场和辐射带的重要
数据。

科 科：这些重要数据揭示了月球的什么秘密？

爷 爷：第一，"月球2号"发现月球周围既没有磁场，也没有辐射带。
第二，"月球2号"探测到存在月球电离层，地球外层的电离层
带电粒子可以到达50000千米的高空，4个离子捕捉器在飞
向月球途中捕捉到了离子流，离子流的密度变化不一，一般
不到100个/厘米³，但在距月球8000千米处强度增加，表明存
在月球电离层。

科 科：磁场、辐射和粒子流是什么呢？它们跟月球有什么关系呢？

电离层

爷　爷：磁场、辐射和粒子流是宇宙环境中非常重要的三个因素。月球没有大气层，也没有磁场，因此它受到来自太阳和宇宙射线的辐射和粒子流的影响很大。通过对这些因素的探测，我们可以更好地了解月球上的环境和对航天员的影响。

阳　阳：科学家为什么要证明月球电离层的存在呢？

爷　爷：月球电离层指的是环绕月球的带电层，它可以对来自太阳的辐射和带电粒子起到一定的屏蔽作用，这对于保护月球表面设备和完成未来的登月任务都非常重要。另外，研究月球电离层也有助于更好地了解月球大气层和太阳风等天体物理现象，为未来的探测任务提供更准确的数据和信息。

科　科：爷爷，我知道了。"月球2号"为我们了解月球和宇宙环境提供了很重要的数据，让我们了解太空的更多奥秘，真的很有意思！我也想去月球看看。

爷　爷：说得对，探索太空是人类一项非常伟大的事业，它可以让我们更好地了解我们所处的宇宙，也可以帮助我们更好地了解地球和我们自己。人类探索太空的历程还很长，希望有一天你们也能参与其中。

考考你

"月球2号"实现了什么？

A. 首次硬着陆月球

B. 首次软着陆月球

C. 首次载人登月

D. 首次环月飞行

爷爷：今天我要讲的是"阿波罗8号"的故事，孩子们知道它是什么吗？

科科："阿波罗8号"？我好像在书里看到过，它好像是一艘宇宙飞船，是由美国人发射到太空的，是吗？

阳阳：我也知道，它好像是第一艘绕月球飞行的宇宙飞船！

爷爷：很好，你们已经有一些基础知识了。确实，"阿波罗8号"是美国国家航空航天局发射到太空的一艘宇宙飞船，它在1968年12月21日至27日完成了一次历史性的任务。

阳阳：历史性的任务？是什么任务啊？

科科：是不是登陆月球啊？我好想去月球呢！

爷爷：不是登陆月球，"阿波罗8号"并没有携带登月舱，而是载人绕着月球飞行。"阿波罗8号"绕月球做了一个圆周运动，有点像我们在地球上围着操场跑步一样。这是人类第一次完成了绕着月球进行的载人航天任务，人类第一次从远离地球的位置观察到了月球的背面。

科科：绕月球飞行，那它到底绕了多少圈啊？

阳阳：是一圈？还是两圈？

爷爷："阿波罗8号"绕月球飞行了10圈呢！"阿波罗8号"的任务是环绕月球，它发射后绕着地球飞行一圈，然后启动引擎进入月球轨道，再绕着月球飞行10圈，这是非常了不起的成就。

阳阳：10圈？那它需要多长时间才能绕完呢？

爷爷：它花费了约20小时。

科科："阿波罗8号"是怎么飞到月球上的呢？

爷爷：首先，"阿波罗8号"需要一个火箭来让它离开地球。火箭发射的时候，燃料会不断地喷出，使火箭向上飞行。搭载"阿波罗8号"的"土星5号"火箭在第三级点火时，将速度提到了10.81千米/秒，等到火箭的燃料用完了，"阿波罗8号"与火箭分离，脱离地球的引力场，直奔月球而去。

阳阳：那"阿波罗8号"上有谁呢？

爷爷："阿波罗8号"上有3名航天员，分别是指令长弗兰克·博尔曼、指令舱驾驶员吉姆·洛威尔与登月舱驾驶员威廉·安德斯。

科科："阿波罗8号"的任务是什么呢？

爷　爷：它的任务就是绕着月球进行探测，测试阿波罗指令舱系统在地球和月球轨道之间的太空及绕月轨道上的性能，包括通信、跟踪和生命保障各个方面，并评估航天员在开展绕月轨道任务期间的表现。

阳　阳：听说他们还拍摄了很多美丽的照片，是真的吗？

爷　爷：是真的，他们在太空拍摄了许多美丽的照片，其中最著名的是《地出》，这张照片让人们认识到了地球的脆弱和珍贵。3名航天员拍摄了月球背向地球一面的大量照片，并拍摄了

面向地球月面的环形山、峡谷及可能的登陆场的照片，为后来的月面着陆计划提供了依据。

科　科：照片《地出》拍摄了什么内容呢？

爷　爷：照片由美国航天员威廉·安德斯于 1968 年 12 月 24 日圣诞前夕拍摄，由于这张照片，人类得以首次看到地球的外观。"阿波罗 8 号"指令舱驾驶员吉姆·洛威尔说，这张《地出》照片，给了人们一个宏观的视角，去理解和审视自己在这个宇宙中的位置；这也是人类第一次真切地感知，我们住在一个怎样的星球。

阳　阳：在绕着月球飞行的时候，万一航天员生病了怎么办？

爷　爷：在"阿波罗 8 号"的任务中，美国航天员第一次遭遇太空病。在"阿波罗 8 号"上，3 名航天员均报告出现健康问题，弗兰克·博尔曼病情较为严重，病了几小时。目前最科学的解释是他患了"太空适应综合征"。实际上，大约有三分之一的航天员进入太空的第一天会患上这种疾病，之后人的前庭系统才逐渐开始适应失重环境。由于此前的"水星"和"双子星"载人飞船空间都很狭小，航天员们还没有机会在航天器里自由活动，因此医生们此前从未遇到过弗兰克·博尔曼的情况，这次病情也为航天积累了宝贵的经验。

科　科：那其他的阿波罗计划任务都是什么呢？

爷　爷：阿波罗计划是美国从 1961 年到 1972 年组织实施的一系列载人登月飞行任务。目的是实现载人登月飞行和人对月球的实地考察，为载人航天飞行和探测进行技术准备。

知识卡片

"阿波罗7号"：进行了第一次载人飞行，3名航天员绕地球飞行了163圈，任务是测试指令舱上的对接系统。

"阿波罗9号"：第一艘搭载登月舱的飞船，它在绕地球轨道上进行了长时间飞行，并对登月舱进行进一步检验。任务是测试人类在太空环境中的反应和失重状态。

"阿波罗10号"：绕月球轨道飞行，并使登月舱下降到离月球表面15千米以内，以检验其性能。

"阿波罗11号"：成功将航天员送上了月球表面，完成了人类历史上第一次载人登陆月球的任务。

"阿波罗12~17号"：从1969年11月至1972年12月，美国相继发射了"阿波罗12~17号"飞船，其中除"阿波罗13号"因服务舱液氧箱爆炸中止登月任务（3名航天员驾驶飞船安全返回地面）外，12名航天员均登月成功。

阳　阳："阿波罗号"飞船由哪些部分构成呢？

爷　爷："阿波罗号"飞船由指令舱、服务舱和登月舱3部分组成。指令舱是航天员在飞行中生活和工作的座舱，也是整个飞船的控制中心。指令舱为圆锥形，分前舱、航天员舱和后舱3部分：前舱内放置着陆部件、回收设备和姿态控制发动机等；航天员舱为密封舱，存有供航天员生活14天的必需品和救生设备;后舱内装有10台姿态控制发动机,各种仪器和贮箱,还有姿态控制、制导导航系统以及船载计算机和无线电分系统等。服务舱前端与指令舱对接,后端有推进系统主发动机喷管,舱体为圆筒形,主发动机用于轨道转移和变轨机动。登月舱由下降级和上升级组成。

科 科:"阿波罗8号"的任务给我们带来了哪些新的发现呢?

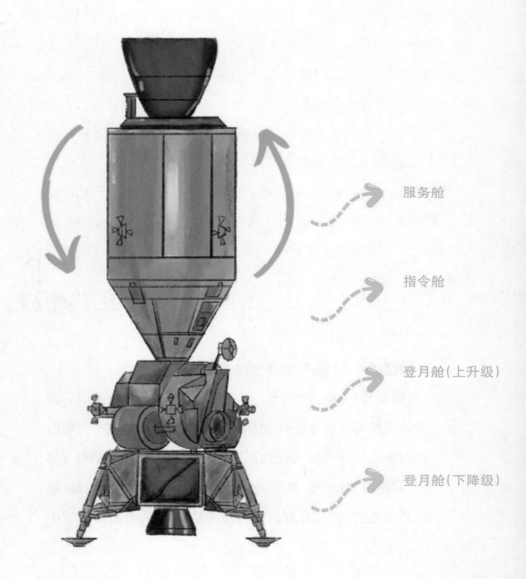

服务舱

指令舱

登月舱(上升级)

登月舱(下降级)

爷　爷："阿波罗8号"的任务成功地证明了月球表面的安全性，使得之后的阿波罗计划的任务更容易进行。

阳　阳："阿波罗8号"的任务完成后就回到地球了吗？

爷　爷：是的，"阿波罗8号"在完成环绕月球任务后，又用引擎脱离月球轨道，返回地球，最后在太平洋着陆。

科　科："阿波罗8号"的任务有没有什么意义呢？

爷　爷：当然有意义了。"阿波罗8号"的任务是人类首次绕月探测，它为后来"阿波罗11号"的登月任务打下了基础，为人类深入了解月球提供了重要数据和信息。

科　科：好厉害啊，我也想去太空飞行呢！

阳　阳：我也是！爷爷，您能带我们去吗？

爷　爷：虽然现在不行，但是你们可以通过学习，了解更多关于太空探索的知识。也许你们会成为未来的太空探险家呢！

考考你

"阿波罗8号"搭载什么火箭登月的？

A."土星2号"　B."土星3号"

C."土星4号"　D."土星5号"

4
第一次载人登陆
月球——
"阿波罗11号"

科 科：爷爷，"阿波罗11号"是怎么登上月球的呢？

爷 爷："阿波罗11号"飞船通过"土星5号"火箭发射升空，在发射12分钟后飞船进入地球轨道，速度达到7.67千米/秒。飞船在环绕地球一圈半后，第三级子火箭点火，使飞船加速到10.5千米/秒，并进行月球转移轨道射入，让"阿波罗11号"进入地月轨道。30分钟后，指令舱和服务舱从"土星5号"分离，并旋转180°与第三级火箭内的登月适配器中的登月舱连接，点燃了主火箭使飞船减速进入了月球轨道，最后启动了"鹰号"登月舱的推进器下降着落在月表静海附近。

阳 阳：这么厉害啊，那航天员是怎么控制航天器的呢？

爷 爷：航天员是通过计算机来控制航天器的，他们使用仪表板上的各种控件来调整飞船的方向和速度。

科 科：飞船飞到月球后，他们是如何从飞船里面出去到达月球表面的呢？

爷 爷：登月舱先降落到月球表面，这样航天员们就可以走出舱门进行月球漫步了。但在离开飞船之前，航天员们需要穿戴上特制的航天服和头盔，因为月球没有大气层，也没有氧气和水。如果不穿航天服，他们将无法在月球表面存活。

科 科：我看过一些照片，登陆器似乎是很小的，它是如何让航天员安全地降落和起飞的呢？

爷 爷：没错，登陆器在月球表面的安全着陆和起飞是整个任务中最具挑战性的部分。"阿波罗11号"的登陆器有两个部分，一个是上升器，另一个是下降器。下降器用火箭推进器缓慢地降落到月球表面，上升器则负责将航天员带回月球轨道。

科　科：月球上有没有其他危险？

爷　爷：当然有，科科。在月球上，航天员要面对长时间的低重力环境，这可能会导致骨骼和肌肉的严重衰退。此外，月球表面的温度也会非常极端，白天会高达127摄氏度，晚上会低至零下196摄氏度。

阳　阳：听起来很不可思议，在月球表面，航天员是怎么呼吸的呢？

爷　爷：月球表面是没有大气层的，所以航天员必须穿着特制的航天服，航天服可以提供氧气，保持正常温度和气压。但是，由于航天员在太空中不能呼吸到新鲜空气，所以他们只能在有限的时间内在外面活动。

科　科：登上月球需要做哪些准备工作呢？

爷　爷：在"阿波罗11号"任务中，航天员需要在宇宙中生存多天，因此需要携带足够多的食物、水、氧气和其他必要的物资。

阳　阳：爷爷，那"阿波罗11号"的任务是什么呢？

爷　爷：它的主要目标是让航天员在月球表面着陆，收集样本并进行一系列科学实验，这对于人类了解月球以及太空的性质非常重要。例如奥尔德林放置太阳风测定装置的铝箔铺，太阳风试验的目的是捕捉太阳放射的微粒子及稀有气体——氦、氖、氩等。科学家们希望这种"风"能帮助说明太阳和行星的形成。

科　科：航天员在登月后使用了什么科学仪器进行试验？

爷　爷：航天员们在月球表面安放了阿波罗计划初期科学实验组件，

其中包括一台月震仪和一台激光测距反射镜。月震仪内部的电子设备是用来记录月震的，它的灵敏度极高，会将记录的月震波用无线电送回地球。月震仪在地球上重45牛，但在月球上仅有7.5牛。它将在月球上工作两年以上，向地球上的科学家报告此后两年坠落陨星、火山爆发等任何物理干扰所造成的震颤。这类报告可以为月球的构造研究提供线索。

阳　阳：第一个登陆月球的人是谁？

爷　爷："阿波罗11号"指令长尼尔·阿姆斯特朗与登月舱驾驶员巴兹·奥尔德林组成的美国登月组于1969年7月20日20时17分乘"鹰号"登月舱在月表着陆，阿姆斯特朗的左脚踏上了月球，并说：这是一个人的一小步，却是人类的一大步。

科　科：那他们在月球上待了多久呢？

爷　爷："阿波罗11号"的航天员在月球表面停留了大约21小时，这其中包括约2个半小时的外太空行走，他们进行了一些实验并收集了一些月球样品。当任务完成后，他们返回到月球轨道上，然后返回地球。

阳　阳：原来如此，我还想知道"阿波罗11号"带回了什么样的样本。

爷　爷：两名航天员使用铲子和带有爪的探杆进行了岩石标本收集，采集了共计约22千克的月球样本，包括土壤和岩石等。这些样本为我们提供了深入了解月球性质的机会，我们可以分析它们的成分和结构，以便更好地了解地球甚至宇宙。

科　科：航天员们是怎么拍下在月球上活动的视频的？

爷　爷：航天员们在月球上离登月舱12~15米的地方架起了一部电视

摄像机，在明亮或昏暗的光线下，都能清晰地进行拍摄。电视摄像机每秒钟可以传递320行的10幅图像。两位航天员用三脚架把电视摄像机架好，电视摄像机通过一根长长的电缆同飞船上的电视发射机连接在一起。

阳　阳：那么"阿波罗11号"的飞船是如何回到地球的呢？

爷　爷：航天员会进入登月舱，然后使用登月舱上的发动机起飞，直到进入月球的轨道。在轨道上，登月舱与指令舱、服务舱进行对接，航天员使用指令舱的发动机来改变航向，离开月球轨道，进入地球轨道，朝向地球飞行，随后他们在地球大气层中使用降落伞，使飞船平稳着陆在太平洋夏威夷西南海面。

科　科：航天员回到地球后可以直接回家吗？

爷　爷：为避免从月球带回未知病原体，"阿波罗11号"的航天员在返回地球后被隔离。隔离室里采取了严格的隔离措施，墙壁、房顶和地板都是密封不透气的。呼吸用的空气是经空调装置充分过滤的。呼出的空气，同样经过多次过滤。所有残渣和尘屑物在离开之前都要经过生物柜干热消毒灭菌。在总的隔离区内，对外界稍小的压力也要控制，保证在漏气时不至于把可能含有感染病菌的内部空气扩散到外面，而外面的空气则可向内流入。被隔离了3周之后，航天员们没有发现异样。

阳　阳："阿波罗17号"之后，这么多年过去了，我们现在还会去月球吗？

爷　爷：现在虽然已经有很多太空探测器去过月球并取得了很多数

据，但是人类目前还没有再次登上过月球。不过，很多国家都在研究如何建造月球基地，希望能够在未来再次到达月球并进行更多的研究。

考考你

第一个登陆月球的人是谁？

A. 尼尔·阿姆斯特朗　　B. 巴兹·奥尔德林

C. 威廉·安德斯　　　　D. 比尔·安德斯

回顾中国探月之路：
我国的登月足迹

中秋节的晚上，科科、阳阳和家人来到了公园，准备一边吃月饼，一边赏月。阳阳指着天上的圆月问道："爷爷，我们什么时候能再去月亮上呢？"爷爷听到这个问题，脸上露出了一抹微笑，他拍了拍阳阳的肩膀说："人类已经很久没有造访过月球了，不过我国开展的探月工程，在未来准备将航天员送上月球，现在计划还在铺垫的状态。其实，中国探月工程已经开始很久了，早在2007年就开始筹划了。经过多年的努力，我们已经成功地完成了多项任务，比如探测轨道器、着陆器和月球车等。每一次探测任务，都给我们带来了很多有关月球的宝贵信息。"科科和阳阳听了，心中充满了好奇，于是向爷爷继续询问关于中国探月之路的知识。

1

"嫦娥一号"：飞向月球，绕月探测

科　科：爷爷，我今天想了解一下"嫦娥一号"，能讲讲吗？

爷　爷："嫦娥一号"是中国第一颗月球探测卫星，它以中国古代神话人物嫦娥命名，总质量为2350千克左右，帆板展开长度为18米。

阳　阳："嫦娥一号"为什么以"嫦娥"命名呢？

爷　爷：因为在中国的传说中，嫦娥是月宫中的仙女，以她的名字命名，是为了表达我们对月球这个神秘天体的敬仰和热爱。

科　科：我听说过"嫦娥一号"，还有我国探月工程"三步走"战略规划，那是什么意思呢？

爷　爷：你问得好。探月工程"绕、落、回"的"三步走"战略规划是中国国家航天局提出的探索月球的长期计划,包括绕月、着陆和返回三个阶段。"嫦娥一号"就是这个计划的第一步,成功地进行了绕月探测。

科 科:我国的探月工程"三步走"战略规划与其他国家的探月计划相比有何不同呢?

爷 爷:迄今全球对月球开展的探测一般有飞掠月球、撞击月球、绕月探测、软着陆、采样返回等。一般都是第一步先往月球发射一个探测器,第二步直接撞击月球,有了经验以后再进行环绕月球探测。虽然中国起步晚于一些国家,但我们第一步就是环绕月球,而不是掠过月球。

阳 阳:听起来好厉害啊!

科 科:"嫦娥一号"卫星是什么时候发射的,寿命是多长呢?

爷 爷:它于2007年10月24日在西昌卫星发射中心成功发射升空,实际运行494天,在圆满完成任务之后,于2009年3月1日按预定计划受控撞月。

科 科:"嫦娥一号"卫星想要升空,对天气方面的要求也很严格吧?

阳 阳:哥哥说得对,万一下雨还能发射吗?

爷 爷:"嫦娥一号"想要升空,第一个天气要求是没有强降水,整个发射期间不能有超过1毫米的降水量,即不能有小雨以上的降水。第二要没有雷暴或闪电,从加注燃料到火箭发射的时段内,场区周围30千米内不能有任何雷电活动。第三要地面风速不能大于14米/秒,也就是必须低于5级。

阳 阳:"嫦娥一号"卫星为什么会选择10月在西昌卫星发射中心发射呢?

爷 爷:在天气上,10月是西昌发射卫星的"黄金季节",气象条件良好。最重要的是"嫦娥一号"需要选用大推力火箭,先将它送入地球同步椭圆轨道。在中国3个航天发射基地中,只有西昌卫星发射中心具备发射"长征三号甲"等大推力火箭的能力。因此,西昌卫星发射中心责无旁贷地承担了这一重任。

阳 阳："嫦娥一号"卫星是怎么实现奔月的呢?

爷 爷："嫦娥一号"采用了三级火箭进行发射,经过长时间的飞行后,它成功地进入了月球轨道。接下来,"嫦娥一号"搭载的着陆器和巡视器分别实现了软着陆和漫游探测,完成了对月球多角度、多尺度的探测。

中国探月工程"三步走"战略规划

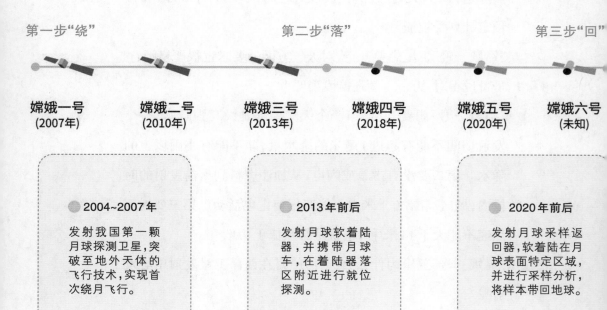

第一步"绕"　　　　　第二步"落"　　　　　第三步"回"

嫦娥一号	嫦娥二号	嫦娥三号	嫦娥四号	嫦娥五号	嫦娥六号
(2007年)	(2010年)	(2013年)	(2018年)	(2020年)	(未知)

● 2004~2007年
发射我国第一颗月球探测卫星,突破至地外天体的飞行技术,实现首次绕月飞行。

● 2013年前后
发射月球软着陆器,并携带月球车,在着陆器落区附近进行就位探测。

● 2020年前后
发射月球采样返回器,软着陆在月球表面特定区域,并进行采样分析,将样本带回地球。

科　科：“嫦娥一号”奔月方式有什么优点呢？

爷　爷：首先，“嫦娥一号”可以确保将重力损耗控制在5%以下，将几
次近地点机动安排在同一地区，有利于地面监测，并安排了
24小时轨道，可以比较方便地解决发射日期延后的问题。

科　科：科学家在研发“嫦娥一号”时遇到过什么难题吗？

爷　爷：研发“嫦娥一号”时，我国克服了许多技术难题。其中“嫦娥
一号”攻克的四大难关分别是轨道设计问题、热控问题、远距
离测控与通信问题和卫星姿态控制问题。

阳　阳：为什么轨道设计是难题呢？

爷　爷：因为过去的卫星与地面的距离最远没有超过8万千米的，而
“嫦娥一号”离地面的平均距离达38万千米，因此轨道设计和
控制是全新的。

科　科：什么是热控问题呢？

爷　爷：由于卫星绕着月球转，地球带着月球和月球旁的卫星绕着太
阳转，从而导致绕月卫星的外热流变化巨大。科学家只能给
绕月卫星穿上一件“衣服”，而且不能换这件“衣服”，需要做
到热的时候不热，冷的时候不冷。

阳　阳：远距离测控与通信问题又是怎么解决的呢？

爷　爷：中国已有的载人系统和卫星系统，无法精准探测38万~40万
千米以外的深空，而科学家利用中国科学院的甚长基线干涉
测量技术，顺利解决了这个问题。

科　科：“嫦娥一号”的任务是什么呢？

爷　爷：“嫦娥一号”担负着四大科学目标：一是获取月球表面的三维
影像；二是分析月球表面元素含量和物质类型的分布特点；
三是探测月壤特性；四是探测地月空间环境。

阳　阳：为什么要获取月球表面的三维影像呢？

爷　爷：因为当时国际上还没有覆盖月球全球的三维照片，"嫦娥一
　　　　号"拍摄的全月影像图，是当时世界上已公布的月球影像图
　　　　中最完整的一张。"嫦娥一号"的CCD立体相机首次实现了
　　　　月球表面的100%覆盖，使我国制作的"全月球影像图"在几
　　　　何配准精度、数据的完整性与影像色调一致性等方面均达到
　　　　国际先进水平。

科　科：哇，那么"嫦娥一号"可以帮助我们更加了解月球的表面结构

"嫦娥一号"变轨示意图

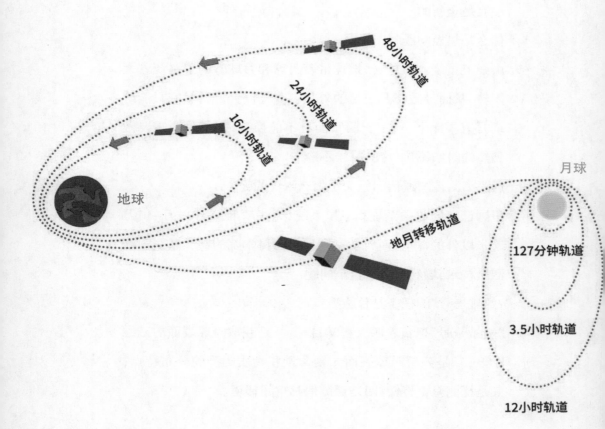

了,对不对?

爷 爷:对,"嫦娥一号"的这项任务对我们了解月球的地形来说非常重要。通过这项任务,我们可以更好地了解月球表面的地形、山川分布等情况,为未来的登月和探测任务提供重要的参考。

科 科:"嫦娥一号"有没有发现什么特别有意思的地方呢?

爷 爷:当然有啦!"嫦娥一号"发现了月球上许多有趣的地方。比如,它发现了月球有许多由火山喷发形成的平原,这些平原的表面是由玄武岩构成的,和地球上的火山岩很像哦!此外,"嫦娥一号"还发现了一些月球表面上的洞穴和陨坑,这些洞穴和陨坑可能是潜在的未来月球基地。

科 科:为什么要分析月球表面元素含量的分布特点呢?

爷 爷:因为中国此次绕月探测将对月球表面有开发利用和研究价值的14种元素的含量与分布进行探测,推动未来月球工作的

全月球影像图

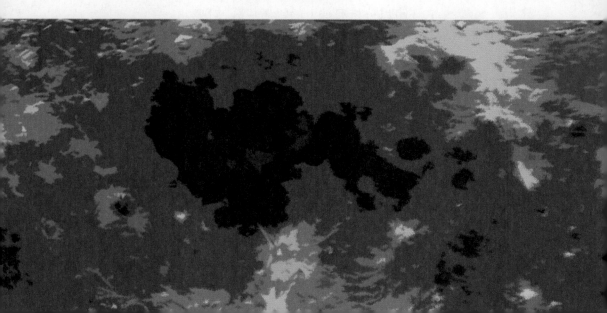

发展。

阳　阳：那它有什么新发现吗？

爷　爷："嫦娥一号"的γ射线谱仪获得了铀、钍、钾等3种重要元素在全月球的分布和含量，以及镁、铝、硅、铁、钛等5种重要元素在月球局部区域的分布和含量。

阳　阳：为什么要探测月壤呢？

爷　爷：虽然以前对月探测做过月壤厚度的测量，包括实地的测量，但真正对全月球月壤厚度的测量之前还没有实现，因此中国首次采用微波遥感手段对月壤厚度进行准确测量，推算出月壤平均厚度为5~6米。

科　科：地月空间环境的探测是指什么呢？

爷　爷：月球没有大气层，所以它会受到来自太空的辐射和微流星、小天体的撞击。"嫦娥一号"通过搭载各种仪器来探测月球的辐射环境、空气、粉尘等情况，为后续的月球探测提供环境数据支持。你们知道"嫦娥一号"可以进行哪些科学实验吗？

阳　阳：我只知道它可以探测月球表面的温度，还可以研究月球的磁场。

科　科：它还可以分析月球上的物质成分，对吧？

爷　爷：是的，你们都很聪明。除了这些，"嫦娥一号"还进行了很多其他的实验，比如观测太阳风和宇宙射线。"嫦娥一号"获得了太阳高能粒子时空变化图、太阳风离子能谱图和时空变化图等，发现了它们与地球磁场和月表带电粒子之间相互作用过程中的一些独特物理现象。

阳　阳："嫦娥一号"的探测成果对我们有什么帮助呢？

爷　爷："嫦娥一号"的探测成果，对我们了解月球的历史、结构和演

"嫦娥一号"卫星能源主要
为太阳能帆板转化的电能,
而发生月全食时,无法接受
到太阳辐射,所以部分探测
设备进入"冬眠",将电力消
耗控制在最低值

化，以及探索月球资源、开展人类登月计划等方面都有重要意义。同时，"嫦娥一号"的成功也展示了中国在太空领域的技术实力和发展前景。

阳　阳：如果"嫦娥一号"遇到月食会怎么样？

爷　爷：发生月食时，太阳光线被地球挡住，无法直接照射到月球，此时围绕月球运行的"嫦娥一号"卫星，将和月球一起进入几个小时的黑暗时光。

科　科：我记得"嫦娥一号"应该是靠太阳能提供电能的。

爷　爷：是啊，月食的出现，会使卫星的供电系统和热控系统面临严峻考验，"嫦娥一号"卫星上的太阳能电池板将无法工作。另外，由于没有太阳的照射，卫星表面的温度会急剧下降，对卫星上的各种设备是一个考验。

阳　阳：如果遇上了月食现象，怎么保证它的安全呢？

爷　爷：这就要提高卫星自带蓄电池的性能，同时设法让"嫦娥一号"在月食期间"节衣缩食"。除保证最基本的部件用电外，卫星上其他部件尤其是"耗电大户"们将暂时停止工作，以便将电力损耗控制在最低水平。卫星上的隔热涂层、热管、加热器等器件也能起到一定的保温作用。

科　科：为什么"嫦娥一号"的归宿是月球呢？

爷　爷："嫦娥一号"撞月成功，为今后我国空间探测器软着陆打下初步基础。由于月球上空气稀薄，连降落伞都无法使用，在月球表面精确软着陆的难度可想而知。如果落在斜坡上，月球探测器就可能会"翻车"，无法正常工作，此次成功撞月是一次很好的演习。

阳　阳：爷爷，未来中国还会有更多探索月球的计划吗？

爷　爷：当然，阳阳，未来中国的航天事业将继续向前发展。中国国家航天局正在制订新的探月计划，计划在2024年左右发射新一代探月器，继续深入地探索月球。同时，中国还计划在2030年左右建立月球科研站，这将是人类历史上非常重要的一步。

科　科：真是太棒了！我也想成为一名科学家，参与到探索宇宙的工作中去。

考考你

"嫦娥一号"完成了哪些任务？

A. 获取月球表面三维影像

B. 分析月球表面元素含量

C. 探测月壤特性

D. 登陆月球

2
"嫦娥二号"：
身负多任务

阳 阳：爷爷，这张图片上写着的"嫦娥二号"，是什么呀？

爷 爷："嫦娥二号"是我国探月工程的一个重要组成部分，它于2010年10月1日成功发射升空，是我国探月工程"三步走"战略规划的第二阶段。

阳 阳：那"嫦娥二号"是怎么去月球的呢？

爷 爷："嫦娥二号"是通过"长征三号丙"运载火箭发射升空的，经过5天的飞行后，成功进入了月球轨道。在进入轨道后，"嫦娥二号"先后经过了一系列的轨道修正，完成变轨任务，最终成功完成了着陆任务。

"嫦娥二号"近月制动示意图

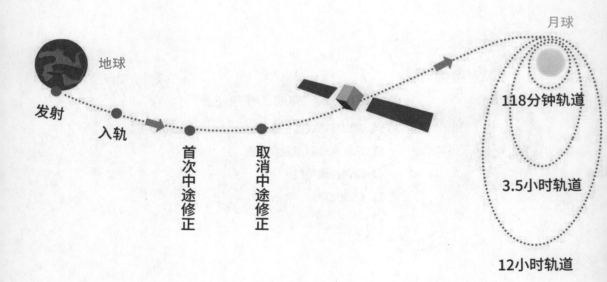

地球

发射

入轨

首次中途修正

取消中途修正

月球

118分钟轨道

3.5小时轨道

12小时轨道

科 科：爷爷，您刚刚说"嫦娥二号"完成了变轨任务，那"嫦娥二号"
是怎么完成变轨的呢？

爷 爷："嫦娥二号"卫星实施了多次变轨，通过发动机喷射火箭推
力，改变航天器的速度和轨道，从而达到调整轨道的目的。

阳 阳：那"嫦娥二号"变轨的时候需要特别注意什么吗？

爷 爷：变轨任务非常复杂，需要考虑许多因素。例如，需要考虑地
球引力、月球引力、太阳引力等多个因素，还需要精确计算推
力大小和时间。

阳 阳：哇，"嫦娥二号"好厉害，它到底是用什么能源飞到月球的呢？

科 科：是啊，用的是不是像火箭那样的燃料呢？

爷 爷：不是的，"嫦娥二号"使用的是太阳能，它通过安装在探测器
表面的太阳能电池板来收集太阳能，并将收集到的能量转换
成电能供探测器使用。这种能源不仅环保，而且在太空中也
十分稳定。

科 科："嫦娥二号"有什么科学任务吗？

爷 爷："嫦娥二号"卫星的科学目标，是在"嫦娥一号"卫星的基础
上改进有效载荷性能，提高对月科学探测精度，深化四类科
学探测：一是获取月球表面的三维影像；二是探测月球物质
成分；三是探测月壤特性；四是探测地月与近月空间环境。

阳 阳：那"嫦娥二号"都做了什么呢？

爷 爷："嫦娥二号"在月球表面着陆，并且释放月球车进行勘测和探
测工作，在月球表面完成了许多重要任务。首先，它用高清
摄像机拍摄了月球表面的许多细节，让我们对月球的地貌和
构造有了更多的了解，以便对月球的地质、地形、矿物、空间
环境等方面进行详细研究。

科　科：爷爷，"嫦娥二号"有没有发现什么特别有趣的东西呢？

爷　爷：当然有啦！"嫦娥二号"在月球上有很多新的科学发现，例如它测得了月球表面的物质成分和分布，发现了新的月球环境特征等，还拍摄了很多月球的美丽照片。

科　科："嫦娥二号"真是太厉害了！它还有没有其他的任务呢？

爷　爷："嫦娥二号"携带的太阳风离子探测器，可以探测原始太阳风离子能谱，引出太阳风的体速度、离子温度及数密度等。"嫦娥二号"的任务还包括利用它的紫外光成像光谱仪和微波探测仪探测获取不同深度月壤微波辐射亮温，探测月壤特性。这让我们对月球上的资源和环境有了更多的了解。

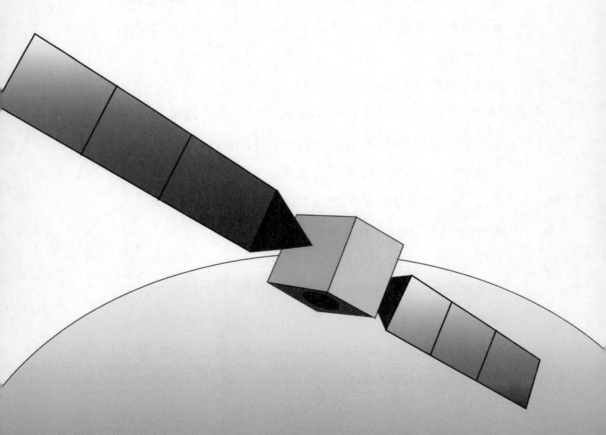

阳阳：爷爷，"嫦娥二号"现在还在月球上吗？

爷爷："嫦娥二号"在完成了自己的主要探测任务后，又去了日地拉格朗日L2点，还去追了一颗叫"图塔蒂斯"的小行星，给它拍了照。之后，"嫦娥二号"开始了自己漫长的旅行生涯。现在，它已经是一颗太阳系的人造卫星，正沿着一个椭圆轨道绕着太阳飞行呢。

科科：哇，我们中国的"嫦娥二号"真厉害，我也想成为一名科学家，发明出更多的神奇设备去探索太空。

阳阳：我也要！

爷爷：很好，只要你们愿意努力学习，未来你们也可以成为科学家，有朝一日登上月球。

考考你

"嫦娥二号"没有携带以下哪个仪器？

A. 太阳风离子探测器

B. 紫外光成像光谱仪

C. 微波探测仪

D. 气体传感器

3

"嫦娥三号"：
成功着陆月球

阳 阳：爷爷，您可不可以给我们讲讲"嫦娥三号"呢？

爷 爷：当然可以。"嫦娥三号"是我国探月工程"三步走"战略规划第二阶段的机器人登月探测器，包括着陆器和月球车。"嫦娥三号"首次实现了中国地外天体软着陆和巡视探测，这是中国航天领域技术最复杂、实施难度最大的空间活动之一。

科 科："嫦娥三号"是什么时候发射的呢？

爷 爷："嫦娥三号"是在2013年12月发射的，12月6日抵达月球轨道，开展探月工程"三步走"战略规划中的第二阶段"落"，12月14日载着中国的第一艘月球车——"玉兔号"成功软着陆于月球雨海西北部，成为继1976年的"月球24号"后首个在月球表面软着陆的探测器。

阳 阳：哇，那"嫦娥三号"是怎么去的月球的呢？

爷 爷："嫦娥三号"是通过"长征三号乙"增强型运载火箭点火发射升空的，"嫦娥三号"不采取"嫦娥一号"使用的多次变轨法，而是通过工作人员的精密控制，一口气直接飞往月球，最终成功软着陆在月球表面。飞行和着陆过程非常复杂，需要很多科学家和工程师的共同努力。

科 科："嫦娥三号"的软着陆过程是怎样的呢？

爷 爷：2013年12月14日20时，"嫦娥三号"开始向月球缓速降落，在过程中避开障碍，到达降落地点。在离月面4米时，"嫦娥三号"零速度下落到月球上，随后，太阳能帆板成功展开，标志着"嫦娥三号"软着陆任务取得圆满成功，中国成为世界上第三

个掌握软着陆技术的国家。

科 科："嫦娥三号"着陆在月球的哪里？

爷 爷："嫦娥三号"着陆地点是月球北纬44°的虹湾，在雨海西北扩
展开来的一个玄武岩熔岩平原上，后来这个地方被命名为
"广寒宫"。

阳 阳："嫦娥三号"一直都在工作吗？

爷 爷：月球进入夜晚后，由于无法获得太阳能，为了保持温度，"嫦
娥三号"进入月夜休眠模式，开始"睡觉"。等月球进入白昼
再进行工作，这样一个周期叫作月夜休眠期。从2013年12
月14日月面软着陆到2016年7月28日，"嫦娥三号"按时进

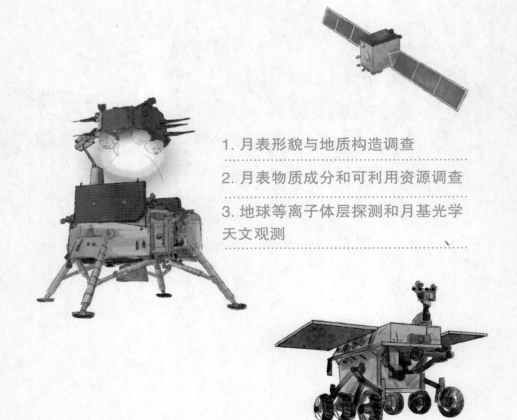

1. 月表形貌与地质构造调查

2. 月表物质成分和可利用资源调查

3. 地球等离子体层探测和月基光学
天文观测

入第33月夜休眠期,刷新国际上探测器月面工作时间最长纪录。2016年8月4日,在超负荷工作19个月之后,"嫦娥三号"探测器正式退役,停止了长达31个月的工作。

科 科:"嫦娥三号"去月球有什么目的呢?

爷 爷:"嫦娥三号"的任务有三个方面:一是调查月表形貌与地质构造;二是调查月表物质成分和可利用资源;三是利用月基光学天文望远镜观测宇宙和利用极紫外相机探测地球等离子体层。

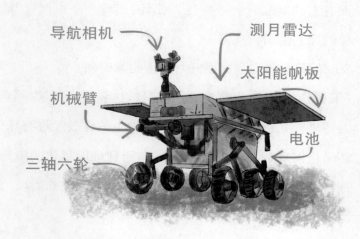

阳 阳:"嫦娥三号"还有这么多的任务,真是厉害呀!

科 科:跟地球上的天文望远镜比,"嫦娥三号"的月基光学望远镜有什么优点?

爷 爷:月基光学望远镜有两个优势和一个特点。第一个优势是月球上几乎没有大气层,可以不间断地进行观测,这在地球上是办不到的;第二个优势是观测时间很长。一个特点是可以在白天看星星,地球上的大气对太阳光进行反射之后天空会特别亮,把星星的亮度都给掩盖了,所以地球上白天是看不到星星的,但是月球上可以。

科 科:哇,好厉害!那"玉兔号"月球车能干什么呢?

爷 爷:"玉兔号"月球车能够在月球表面移动并拍摄照片,还可以采集月岩和月壤样本,帮助科学家更好地了解月球的成分和结构。

阳 阳:"玉兔号"月球车长什么样子?

爷 爷:"玉兔号"月球车通过轮子"行走",轮子上面是一个"箱子",两侧分别有两扇能活动的太阳能板,中间有一个"桅杆",上面有它的"眼睛"——相机。此外,还有一个机械臂,能做简单的探测活动。

科 科:"玉兔号"月球车怎么避开月球上的障碍呢?

爷 爷:"玉兔号"月球车底部安装了测月雷达装置,可以探测到距离月球表面几百米的深处。月球车轮上的花纹经过特殊处理,能适应月球表面土质。月球车在遇到难以攀爬的障碍时会选择绕行,这样可以减少翻车次数,还可以预知斜坡、台阶、壕沟、松软路面等障碍。

科 科:"玉兔号"月球车靠什么能源工作?

爷 爷:"玉兔号"月球车的能源由太阳能电池板和放射性同位素热电机提供,前者负责提供月球车各种仪器的工作能源和驱动月球车行驶,而后者负责在夜间给月球车的仪器保温。因为月球的白昼、黑夜各持续大约14天,且夜晚温度可低至零下196摄氏度。而月球车上的仪器可承受的最低温约零下40摄氏度。如果在月球的漫漫寒夜中,没有足够能源给仪器保温,全部仪器都会被冻坏,在下一个白昼来临之时,月球车将

无法"醒过来"。

科　科："嫦娥三号"的那些科研目标实现了吗？

爷　爷："嫦娥三号"在月面探测、月基近紫外巡天观测、解译地球等

　　　　离子体的奥秘三个方面都取得了出色的科研成果。

阳　阳：谢谢爷爷,我们学到了好多知识呢!

考考你

"嫦娥三号"着陆在月球的哪里?

　　A. 虹湾　　　　B. 静海

　　C. 亚平宁山脉　D. 晴海

4
"嫦娥四号"：
成功着陆月球背面

科 科：爷爷，"嫦娥四号"是什么？

爷 爷："嫦娥四号"也是我国探月工程"三步走"战略规划第二阶段的登月探测器。"嫦娥四号"着陆器和"玉兔二号"月球车于2018年12月8日2时23分发射升空。2019年1月3日10时26分，"嫦娥四号"成功着陆。和"嫦娥三号"不同的是，"嫦娥四号"着陆在了月球的背面，这是人类历史上第一次实现在月球背面软着陆。

阳 阳："嫦娥四号"是怎么到月球背面的？

爷 爷："嫦娥四号"到达月球背面是通过一颗名叫"鹊桥"的地月间通信中继卫星完成的。中继卫星位于月球和地球之间，可以实现信息的中转和传递，传回了世界上第一张近距离拍摄的

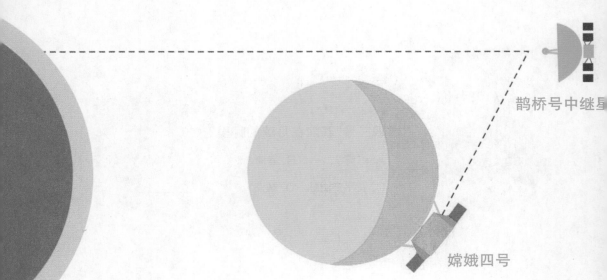

鹊桥号中继星

嫦娥四号

月背影像图,这也是人类历史上第一次在月球背面实现与地球的通信。

阳 阳:为什么要着陆在月球的背面呢?

爷 爷:在地月系统长期的演化过程中,地球和月球之间的潮汐力使月球的自转逐渐减缓,最终导致月球被地球潮汐力锁定,此后月球总是以同一面朝向地球。月球背面与地球常年保持着相对静默,没有地球的干扰,能够更好地探测太空信号。而且月球背面的地形、物质等也与正面有所不同,这次探测对我们了解月球的整体构成和演化过程也非常重要。

科 科:在月球背面着陆和在月球正面着陆有什么区别吗?

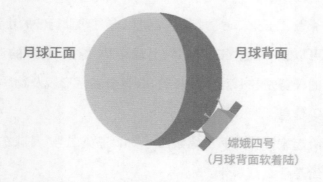

月球正面　月球背面

嫦娥四号
(月球背面软着陆)

爷 爷:太空船在飞临月球背面时,和地球之间的无线电通信会暂时中断,必须等到飞出轨道之后才能恢复通信。"嫦娥四号"是无人探测器,如何给飞临月球背面的飞行器发出指令,遥控它准确着陆在预定位置,并且顺利接收传回的图像数据,是个不小的技术挑战。可是一旦成功登陆,中国科学家们就能更全面地了解月球环境,并利用月球背面没有地球电磁信号的干扰,进行太空观测,为今后的太空探索做好准备,这是个了不起的壮举。

科　科：“嫦娥四号”在月球上有什么样的任务呢？

爷　爷：“嫦娥四号”有很多的科学仪器，任务非常丰富，主要分为三个方面：一是对月球背面巡视区形貌、矿物组成部分及月表浅层结构的探测与研究；二是对月球背面中子辐射剂量、中性原子等月球环境的探测研究；三是对月球背面低频射电天文的观测与研究。

科　科：那“嫦娥四号”在月球背面发现了什么新的信息吗？

爷　爷：“嫦娥四号”着陆在月球背面南极艾特肯盆地的冯·卡门撞击坑内，由于“嫦娥四号”搭载了各个国家的科学仪器，可以研究月球背面的地质、矿物，探测月球背面环境中子辐射剂量、中性原子。

阳　阳：爷爷，“玉兔二号”月球车是可以在月球上行驶的小汽车吗？

爷　爷：可以这么说。“玉兔二号”月球车是“嫦娥四号”的巡视器，它的任务是在月球表面行驶，获得着陆区形貌及物质矿物组成等信息。

科　科：听起来好神奇啊！“嫦娥四号”和“玉兔二号”月球车的能源供给是什么？

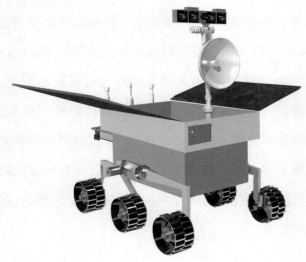

爷　爷：“嫦娥四号”和“玉兔二号”月球车是由太阳能电池板供电的，
　　　　而月球上夜晚的温度非常低，所以“嫦娥四号”必须在夜晚关
　　　　机进入“睡眠”，等到太阳升起再重新启动工作。

阳　阳：“嫦娥四号”和“玉兔二号”月球车还在月球背面工作吗？

爷　爷：当然，截至 2022 年 7 月，“嫦娥四号”和“玉兔二号”月球车已
　　　　经完成了第 44 月昼工作，并且进入了第 44 月夜休眠。“玉兔
　　　　二号”月球车已在月球背面累计行驶了 1239.88 米。“嫦娥四
　　　　号”探测器创造了在月球背面最长工作时间纪录，获取了大
　　　　量月球的科研探测数据，取得了许多科研成果。

科　科：“嫦娥四号”的任务对我们有什么意义呢？

爷　爷：“嫦娥四号”的任务对我们有很多的意义。“嫦娥四号”任务的
　　　　圆满完成，标志着人类历史上首次实现了航天器在月球背面
　　　　软着陆和巡视勘查，首次实现了地球与月球背面的测控通
　　　　信，在月球背面留下了中国探月的第一行足迹，揭开了古老
　　　　月球背面的神秘面纱，开启了人类探索宇宙奥秘的新篇章。

考考你

“玉兔二号”月球车主要能量来源是什么？

　　　A. 太阳能　B. 核能

　　　C. 风能　　D. 蓄电池　　_____

5

嫦娥五号：
月球采样返回地球

科 科： 爷爷，您知道"嫦娥五号"是什么吗？

爷 爷： "嫦娥五号"是中国探月工程第三阶段的月球探测器，完成我国探月工程"三步走"战略规划的"绕、落、回"中的最后一个"回"的任务——将月球上的月壤样本带回地球进行研究。

科 科： 哇，好厉害！那"嫦娥五号"成功了吗？

爷 爷： 当然。"嫦娥五号"于2020年11月24日4时30分在海南文昌航天发射场发射升空，它在完成月球表面自动采样任务后，携带着1731克月球样本，于12月17日1时59分在内蒙古四子王旗着陆场着陆。这是继"月球24号"之后时隔44年人类再次从月面带回月球样本。

阳 阳： "嫦娥五号"的发射和着陆是不是很难呢？

爷 爷： 是的，"嫦娥五号"任务是中国截至2020年实施的系统最复杂、技术难度最大的航天工程，需要科学家和工程师们共同努力。苏联当年做了好几次只成功了三次，共取回300多克月壤。"嫦娥五号"计划采样2千克，用钻取的方式深入月面以下2米获取原原本本的月壤，还必须封装好拿回来。"嫦娥五号"有着陆器、返回器，要在月球轨道交会对接，难度比较大。采样结束后月面起飞和高速返回也是需要攻克的难关。

科 科： 哇，既然要实现从月球上采样，那"嫦娥五号"由哪些部分组成呢？

爷 爷： "嫦娥五号"探测器包括轨道器、返回器、着陆器和上升器。着陆器在月球表面与月面以下收集月壤样本与月岩样本，上

上升器

着陆器

返回器

轨道器

升器在着陆器采集样本完成后从月面上升,与轨道器返回器组合体"会合",之后转移样本到返回器,与轨道器返回器组合体分离;轨道器负责返回地球,到达预定位置释放返回器;返回器带着月壤、月岩样本,经过两次大气层"打水漂",然后回到地球。

阳　阳:那"嫦娥五号"在月球上什么地方着陆的?

爷　爷:"嫦娥五号"着陆于月球正面风暴洋的吕姆克山脉以北地区。12月1日22时57分,"嫦娥五号"调整对月速度,并进行姿态调整,以接近月表。12月1日23时11分,"嫦娥五号"成功着陆,并传回着陆影像图。

阳　阳:那么"嫦娥五号"是怎样采集月壤样本的呢?

爷　爷:"嫦娥五号"设计有两种取样方式,用以丰富样本类型。它会先着陆在月球上,然后展开机械臂,通过摄像头拍摄月表情况,确定采样点,然后再使用机械臂进行采集,在有限范围内横扫收集月壤。"嫦娥五号"还可以在月面打钻,取得较深层的月壤。两种样品的比例约为3:1,从表面采取的月壤更多。采集到的月壤样本会通过探测器带回月球轨道,然后通过"会合"技术和火箭带回地球。获取的样本必须尽量保持原样,在月面真空环境下完成样本封装,不能破坏其层次结构。整个环节必须分毫不差。

科　科:"会合"技术是什么意思呢?

爷　爷:"会合"是指两个或多个飞行器在太空中相遇并靠近,以便交换物品或完成其他任务。"嫦娥五号"需要完成从月球表面到月球轨道的"会合"任务,然后再将样本转移到返回地球的探测器上。这种"会合"是在距离地球38万千米之处进行的,地

球上无法提供数据和测控支

持，完全由探测器自主完成，非常

考验技术。

科 科：“会合”成功了，“嫦娥五号”就可以返回地球家园了吗？

爷 爷：没错，“嫦娥五号”返回地球的速度非常快，但是，如果以这么
快的速度进入大气层，会因为高温而被烧毁掉。因此，要在
进入大气层阶段把速度降下来，我国的科学家们选择了“弹
跳式”再入返回技术。当“嫦娥五号”以计算好的某个角度与
大气层接触后，和大气层产生相互作用力，“嫦娥五号”就像
碰触到水面的小石子一样，弹跳起来，然后再次接触大气层，
就像你们常玩的“打水漂”一样。

科 科：“嫦娥五号”采集到的月壤样本都有哪些用处呢？

爷 爷：“嫦娥五号”采集到的月壤样本可以为我们了解月球的演化
和构成提供重要的信息。通过分析样本中的矿物成分、气体
成分、地球化学元素等信息，我们可以了解月球的历史和构
成。同时，这些样本也可以帮助我们更好地了解太阳系的演

化和形成过程。

科　科：目前有什么研究成果吗？

爷　爷：有。2022年9月9日，国家航天局、国家原子能机构联合在京发布"嫦娥五号"最新科学成果，中国科学家首次在月壤样本中发现新矿物，并命名为"嫦娥石"。嫦娥石是人类在月球上发现的第六种新矿物，也让中国成为继美苏后第三个在月球发现并命名新物质的国家。

科　科："嫦娥五号"的任务完成后，对未来的月球探测有什么帮助呢？

爷　爷："嫦娥五号"任务的完成标志着中国的月球探测进入了"取样返回"时代，也为以后更深入的月球探测做好了铺垫。未来我们还将继续探索月球的表面和内部构造，并建立一个永久的月球基地。这些都离不开前人的努力和探索，也需要后来者继续加油。

考考你

以下哪个是第一个实现在月球背面软着陆的卫星？

A."嫦娥一号"　B."嫦娥二号"

C."嫦娥三号"　D."嫦娥四号"

5

展望未来登月之路：
后续的探月设想

在一个晴朗的周末,科科和阳阳跟随爷爷来到了天文馆参观旅游。在欣赏了一些天文模型和展品后,他们进入了一间特别的展厅,这里展示了人类曾经登陆过月球的痕迹。爷爷指着展示柜里面的石头和土壤,告诉孩子们:"这些都是我们的航天员在登陆月球时采集回来的,让我们一起来看看未来登陆月球的设想吧。"

科科和阳阳兴致勃勃地跟随爷爷来到了展厅的中央,只见一个巨大的屏幕上出现了一个闪闪发光的月球,上面布满了各种机器人和设备。"哇! 未来我们可以在月球上生活吗?"阳阳兴奋地问道。"我们不仅可以在月球上生活,甚至可以在上面建立一个互联网基础设施,让人们可以像在地球上一样使用互联网。"爷爷回答道。"那么月球上的网速会比地球上的快吗?"科科好奇地问道。"是的,因为月球上没有大气层的干扰,所以信号传输速度更快。"爷爷回答道。孩子们听完爷爷的解释,十分兴奋和好奇,决定将来一定要亲身体验登陆月球的奇妙之旅。

1
找水:月球上
水资源的发现

科 科:爷爷,我听说月球上有水,这是真的吗?

爷 爷:是的,科科。科学家们已经通过探测器和登月任务等方式证实,月球表面和地下都有水。

阳 阳:月球上的水有哪些形式呢?

爷 爷:月球上的水有几种形式。其中一种可能形式是来自太阳风,太阳风中的氢原子和月球表面上的氧元素结合成了水分子,形成冰形式的水。这些冰通常出现在月球表面的极冷区域的深处,也就是月球南北极附近的地方,月球上的温度变化可能会引起冰的凝固和蒸发。此外,月球上的水冰也可能是在形成初期随着彗星撞击被带到了月球上的。

科 科:那么月球上的水有什么用呢?

爷 爷:月球上的水非常重要。如果我们计划在月球上建一个长期存在的基地,水是必不可少的资源。月球上的水资源可以提供饮用水、生活用水和工业用水。此外,通过分解水可以得到氧气和氢气,氧气可以用来供人类呼吸,氢气则可以用来作为燃料。这些都是人类在月球上存活和开展研究的必需品。

阳 阳:那我们怎么获取月球上的水呢?

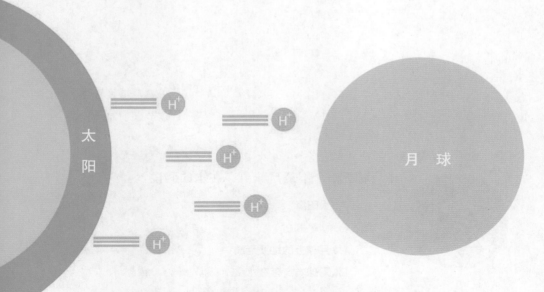

来自太阳表面的高速氢离子,注入月球表面
并富集在月壤颗粒表层

爷　爷：目前,科学家们正在探索多种方法来获取月球上的水。使用光伏板收集太阳能来加热月壤中的冰,将其蒸发,然后收集水汽。此外,还可以使用化学方法从月壤中提取水分子。还有一种方法是使用掘地机等设备直接挖掘出水冰进行加热。除此之外,科学家们还开发了一种新型机器人,能够探索月球表面,查找隐藏在矿物中的水分子。

科　科：那在月球基地中,我们应该怎样利用这些水资源呢?

爷　爷：在月球基地中,我们可以通过采用循环系统,将水资源用于植物种植、生活和工业,然后再回收水资源进行循环使用。

阳　阳：听起来很有用啊!那我们要怎样保护月球上的水资源呢?

爷　爷：非常好的问题!我们应该采取合适的措施来保护月球上的水资源,比如在开采和利用水资源时要遵循环境保护原则,避免污染和浪费水资源。

考考你

以下哪个不是月球上存在水的假说?

A. 太阳风

B. 彗星撞击

C. 月球上的地质活动

D. 月球本身存在水

2
科研站：建立在月球上的实验室

阳 阳：科学家们需要在月球上做哪些科学研究呢？

爷 爷：简而言之，人们构想的任务主要是"看地、测月、观天"。任务之一的"看地"，就是在月球建立观测站研究地球的气候变化、大气层中成分的变化，监测海洋活动，观察地壳结构的起伏及地震活动，以及研究地球上不同地区的生态情况等。

科 科：为什么要在月球上研究地球，地球上研究不更方便吗？

爷 爷：因为从月球上观测地球有很多的好处。第一，月球的观测角度比地球更宽广，能够更全面地观测地球的情况。第二，月球没有大气层，所以观测效果比地球上更准确。

阳 阳：那科学家们是怎么在月球上观测地球的呢？

爷 爷：月球上有很多高科技的仪器可以进行观测，例如遥感仪器、光学仪器，甚至是射电望远镜等。有的通过收集和分析光学数据观测地球，还有的通过监测和分析地球的电磁场、微波信号等来观测地球。这些仪器都是科学家们研究和开发出来，专门用来观测地球的。

科 科：那这些仪器的数据是怎么传回地球的呢？

爷 爷：这些仪器的数据通过专门的卫星传送回地球，经过分析和处理，就可以提供给各个研究机构和科学家进行研究。这些研究的结果对于我们了解和保护地球环境有着重要的意义。

阳 阳：厉害！这样月球上的科研站就可以帮助我们了解地球了！

爷 爷：没错，通过月球科研站对地球的观测，我们可以更好地了解地球，保护我们的家园。

科 科："测月"任务就是探测月亮吧？

爷 爷："测月"的任务，即研究月球本身。"测月"分为地质研究、月球资源开采等几个方向。首先是对月球的地质研究，人类对月球的探测已有 50 多年的历史，对月球的地形地貌、物质分布和空间环境等建立了初步的认识，但总体来看这些认识还非常有限，远远无法达到利用月球、开发月球、建立人类新的生存空间的目的。通过建立月球基地可完成诸如月球地形地貌、地质构造表面物质组成、内部结构、近月空间和月面环境、月球和地月系的起源与演化等月球科学的研究。

阳 阳：为什么测月任务里会有月球资源开采，是因为地球上的资源不够用吗？

爷 爷：以月球基地为基础和起点，可以充分利用月球的特殊环境，验证月球上的矿藏。能源问题是当今人类社会面临的亟须解决的重大问题之一。石油、天然气和煤等化石能源的逐渐枯竭将是未来威胁人类生存的首要大敌，月球蕴藏有丰富的矿产资源和能源，可为人类社会可持续发展提供资源储备。

科 科：月球上有哪些能为人类所用的能源呢？

爷 爷：目前，科学家将希望寄托在太阳能和核聚变等清洁高效的能源上。月球拥有丰富的氦-3 和太阳能资源，很可能成为未来人类新的能源基地。此外，月球上还储存着丰富的硅、铝、钛和铁等，也是未来补充地球矿产资源的巨大仓库。还可通过矿石提炼方法获取月壤中的氢和氧等，直接用于飞行器所需的推进剂等的生产。

阳 阳：那在月球上建设科学实验平台又是为什么呢？

爷 爷：月球没有大气层，无法对电磁波进行吸收与辐射，仅有弱重

力场，但许多在地球上无法开展的研究、实验、制造和加工，都可在月球上完成。例如，可持续研究钙元素在弱重力场环境下在人体中的循环情况，从而改进关节炎疾病的治疗方法，以及改进心脏和动脉疾病的治疗等，研究在低重力环境下植物的生长，从而研制生物制品、特种材料等。

科　科：那月球上的深空探测中转站是做什么的？

爷　爷：月球是距离地球最近的天体，月球基地将成为人类进入深空的跳板和中转站。由于月球重力加速度只有地球的六分之一，因此，相较于地球，从月球上发射大型航天器要容易得多；可以在月球上实现对航天器的建造、组装、维护和补给，并从月球或月球附近直接奔向深空。

阳　阳：在地球上也能观测宇宙，为什么还需要在月球上建立天文观测站呢？

爷　爷：月球背面是放置天文望远镜的理想场所，那里有稳定的地质构造，没有大气干扰、光污染，永久阴影区有着极低温度，可以获得更高清的天文图像，也可以很好地观察暗物质和宇宙背景辐射。月球正面永远面向地球，在月球正面建立观测站，可以对地球实施长期监测。此外，相对地球来说，月球的地质结构更稳定，有利于开展精密的天文观测工作。在月球上建立观测平台，还可以监测可能构成威胁的近地小天体。

科　科：真有意思！那月球上的天文观测站能看到什么呢？

爷　爷：在月球上的天文观测站可以观察到很多有趣的东西，比如太阳系内的行星、星系、黑洞、暗物质等。还可以观察到宇宙的起源和演变。

阳　阳：那月球天文观测站的设备有哪些呢？

爷 爷: 月球天文观测站会配备高级的望远镜、激光测距仪、红外线探测器等,建造月球天文观测站需要高超的技术,因为它需要在极端环境下正常运转,所以科学家们需要考虑到月球表面的高温、低温、无氧环境、强烈的放射性辐射等因素,以确保月球天文观测站正常运行。

科 科: 真厉害呀! 月球基地的天文观测站真是个非常有意思的地方,我想去看看。

爷 爷: 我相信未来你一定会有机会去看看的,孩子。

月球上有哪些能为人类所用的能源?

A. 氦-3　B. 稀土元素　C. 石油　D. 太阳能

3
互联网：让月球与地球连成一体

阳 阳：爷爷，月球上的人是怎么和地球家园通信的呀？

爷 爷：那就要提到非常重要的通信系统，它能让月球和地球保持联系，也能让不同的月球基地之间进行交流。月球上的通信系统是伴随着月球探测活动任务而不断发展起来的。

科 科：那月球上的通信系统是如何工作的呢？

爷 爷：月球上的通信系统包括地面站、月球基地站和通信卫星三部分。地面站是地球上的天线和设备，用于与月球基地通信。地面站会将信号发送到月球轨道上的通信卫星。通信卫星会接收地面站的信号，并将信号转发到月球基地站。这些卫星上可以发送不同频率的电磁波，以及不同的数据格式，比如图像、声音和文字。月球基地站是安装在月球基地上的一种设备，主要用于接收和发送信号，进行通信。

阳 阳：哇，那听起来很高级啊！

爷 爷：不仅如此，我们还需要保证通信的可靠性。因为月球环境恶劣，信号传输可能会受到月尘、地震等因素的干扰，所以我们需要设计一套完善的通信系统，最大限度地减少信号的丢失和干扰，保证通信信号的稳定和可靠。

科 科：月球上是怎么建立互联网的呀？

爷 爷：月球基地的通信系统可以使用射频通信技术，就像我们使用无线电一样。这种技术可以将信号通过天线传输到地球。此外，由于月球没有大气层，所以不会受到大气的干扰。这意味着信号的传输会更加可靠。

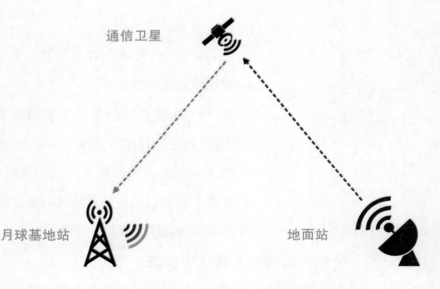

通信卫星

月球基地站

地面站

阳　阳：无线电是什么？是那种会发出嘟嘟声的东西吗？

爷　爷：是的，就是那种东西。无线电是一种在自由空间传播的电磁波，可以传输声音和图像等信息。人们可以在月球上建造很多无线电台，让基地之间或者基地和地球之间进行通信。

科　科：那月球上的通信速度怎么样？

爷　爷：月球基地的通信速度是伴随着月球探测活动任务的发展而不断提升的。

知识卡片

月球探测活动的 4 个阶段：

1. 无人探月阶段：人们采用将探测卫星等小型航天器发射到环绕月球轨道，以及在月面释放小型月球车巡视探测等方式来研究月球，这一阶段的数据传输速度慢。

2. 载人登月探测阶段：人类利用月面着陆器登陆月球，对月面进行探测并采集样本后，航天员乘坐飞船返回地球。这一阶段可以实现2~4人规模的航天员的月面活动，还可利用载人月球车或月面机器人进行挖掘或探测工作。这个阶段的月球通信的数据量大大增加了。

3. 载人月球基地初级阶段：人类在月面建立可移动式居住点，并进一步扩大月球探测范围。此阶段将建立完整的月球中继卫星系统，具有全月面覆盖通信及导航功能；月面活动目标进一步增多，需要无线组网。

4. 永久性月球基地阶段：人类在月球的居住点进一步增多，各个月球居住点将组成局域网或城域网，人类可以进行全月球任何地点的探索，月面活动对象大大增加，无线网络覆盖能力进一步提高。人类还可基于月球基地支持更远距离的载人深空探测活动，也可与其他星球通信系统组成星际网络。

阳　阳：爷爷，那导航系统是什么？

爷　爷：月面目标导航系统主要通过月球的区域导航系统为月面上的活动目标（如舱外活动航天员、月球车和机器人等）提供位置和速度信息。在月球上，导航系统非常重要，因为它可以帮助人们安全地行走和探索月球。

科　科：月球上的导航系统建设会遇到什么困难？

爷　爷：首先，月球大气层中几乎没有空气。因此依赖空气介质传播的技术手段无法使用，如超声波传感器。其次，月球上暂时没有全球定位系统，因此无法利用全球定位系统为月面目标提供导航定位服务。最后，月球磁场很弱，无法利用磁罗仪等仪器对月面活动目标进行导航。此外，月球表面的地形比地球更加复杂,有很多陨石坑和峡谷,所以需要更加精确的定位和导航。上述因素都对月面活动目标的定位提出了更高的要求和挑战。

阳 阳:那么为了解决这些问题,我们该怎么办呢?

爷 爷:为了应对这些挑战,我们需要使用多种技术。例如,我们可以使用卫星导航系统,通过在地球或月球上放置的卫星,利用轨道卫星发射的信号来确定位置。你们可能已经听说过GPS系统,它是一种卫星导航系统,可以在地球上提供高精度的导航和定位。我们也可以使用惯性导航系统,通过计算加速度和转向来确定位置和方向。

科 科:好厉害啊! 那么月球轨道卫星是怎么运行的呢?

爷 爷:月球轨道卫星是人类发射到月球轨道上的人造卫星,它们会以特定的轨道围绕着月球运行,通过向地球发送信号来进行通信和导航。同时,卫星上还安装了很多传感器和设备,可以收集和分析月球的地形、地质和天气等信息。

阳 阳:还有其他的导航技术吗?

爷 爷:当然有。光学测距是一种利用激光束测量距离的技术,可以实现高精度的位置测量。激光测距则是利用激光回波时间

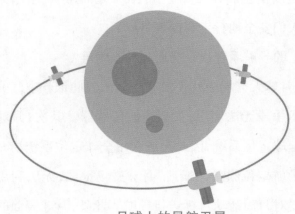

月球上的导航卫星

计算物体距离,也是一种高精度的测距技术。我们还可以使用激光测距来获取更精确的地形信息,从而更加准确地定位和导航。此外,相对导航则是通过比较自身位置和目标位置之间的相对位置变化,计算出自身位置的一种导航方式。

科　科:真的好厉害啊!那月球上的导航系统有哪些应用呢?

爷　爷:月球上的导航系统有很多应用,例如在月球车和无人机上使用,可以帮助它们自主地完成任务。在探索月球的过程中,导航系统也可以帮助人们找到合适的路径,避开陨石坑和其他危险。此外,导航系统还可以帮助人们更快地到达目的地,提高效率。

阳　阳:那如果有个人不小心在月球表面迷路了,导航系统能帮他找到回去的路吗?

爷　爷:是的,如果有人在月球表面迷路,导航系统可以帮助他找到回家的路。导航系统还可以提供实时更新的地图和定位信息,以帮助人们更好地了解月球表面的地形和环境。

考考你

月球上的通信系统包括哪几个部分?

A. 地面站　　B. 月球基地站

C. 通信卫星　D. 月球发射场

4
建立月球着陆
起飞场

科 科：月球基地就像一座小小的人
类城市一样，那月球上有没有飞机着
陆场呀？

爷 爷：有的，构建着陆场是建设载人
月球基地非常重要的作业内容之一。
月球基地的着陆与起飞系统是月球基
地与外界往返的"门户"与"码头"。它
主要包括载人和货运登月飞行器的着陆场以及着陆场附属
的各种设施，负责为飞行器提供推进剂加注、货物装卸、人员
往返、状态检测、防护和维修等支持功能。

阳 阳：着陆场有哪些功能？

爷 爷：着陆场为登月飞行器提供着陆和起飞的平台；为航天器提供
着陆与起飞阶段的辅助导航；为月球基地、飞行器和航天员
提供人员转移、货物装卸、运输保障，以及各种推进剂和气体
的回收与加注。

科 科：那月球基地的着陆场有什么作用呢？

爷 爷：月球基地的建设和移民活动需要稳定安全的地月供应运输
线提供源源不断的支持。在建设和维护月球基地的过程中，
地月运物飞行器来往频繁，一方面从地球向月球基地输送人
员、饮食、生活必备用品、仪器设备、建设生产材料、工具、推
进剂和特种气体；另一方面也要将人员送回地球，向地球运
送实验样品、矿产，甚至是月球产品。因此，月球表面必须设
立相对固定的登月飞行器着陆和起飞的场地或区域，以及提
供各种支持的设施。这就像地球上的飞机场，不仅有供飞
机起降的跑道，还有功能齐全的维护设备、车辆、人员和配

套服务。

阳　阳：月球基地的着陆起飞场是怎么一步一步发展的？

爷　爷：对于建设一个永久性的月球基地来说，月面着陆和起飞系统
　　　　的设施建设大体可分为三个阶段：早期着陆设施、临时设施、
　　　　永久着陆起飞设施。在各个阶段中，着陆与起飞系统所拥有
　　　　的设施和设备的复杂程度不同，但系统的基本功能是大体一
　　　　致的。

科　科：爷爷，月球基地上的着陆器和地球上的飞机有什么不同吗？

爷　爷：月球上的着陆器与地球上的飞机有很多不同之处。最大的
　　　　不同是，月球上没有大气层来减缓降落器的速度，着陆器在
　　　　着陆前需要减速，当着陆器接近月球表面时，着陆器底部的
　　　　喷气口会喷出气体，以逆向推进减速，从而使着陆器缓慢地

着陆在月球表面。这要求着陆器必须设计得非常精确，以便在着陆时减缓速度，避免坠毁。

阳　阳：月球基地的着陆场好复杂呀！

爷　爷：总体来说很复杂，但是早期的载人月球基地规模是比较小的，只需建设临时着陆场。临时着陆场可以是一片简单地将月面平整后构建的地基。甚至不需要专门构建，只需有一片空旷、平坦的场地，与月球基地本体结构距离符合安全性要求即可。当月球基地基础设施初具规模且临时着陆场即将报废时，就需要选定和准备永久着陆起飞场。

科　科：着陆场这么重要，选址是一个问题。

爷　爷：没错。着陆场必须足够平坦，离山脉和峡谷远一些。这样做可以减少着陆时的震动，降低风险，保证着陆器在平坦的地面上着陆，而不是在崎岖不平的地方着陆。一般来说，第一，我们会选择月球上的平原或者大型坑穴，比如说"阿波罗2号"的着陆点就建在一处大型撞击坑里面；第二，着陆场需要尽可能靠近目标区域，以减少航天器在月球表面行驶的距离和时间。

阳　阳：建造着陆场还有什么要注意的事项吗？

爷　爷：当然有。着陆场还需要有一些标记和导航设备，以便航天员快速找到它们。同时，着陆场的周围应该留出足够的空间，以便在紧急情况下起飞。

科　科：原来着陆场建造还需要考虑这么多因素呢！那么如何建造月球上的着陆场呢？

爷　爷：建造着陆场主要通过航天员出舱进行实地考察、勘测，并选择适合的建设区域，而首次着陆的着陆场通过遥控探测或在轨遥感的方式进行选择。之后，可以在这个区域内平整地面，并清理掉任何可能妨碍着陆器落地的物体。如果需要，可以在着陆场周围设置保护墙或其他遮挡物来减少太阳辐射对着陆器的影响。

阳　阳：爷爷，那月球上有没有道路呀？

爷　爷：有，月面上道路的修建降低了对运输车辆的要求，提高了运输效率，可以降低构建风险，是构建大型月球基地时一项必须完成的工作。月面道路的类型有两种——路面硬化式和路面压实式。

科　科：两种月面道路有什么区别吗？

爷　爷：路面压实式道路，就是采用机械设备压实路面，还可以在压实的路面上再铺上石头。路面硬化式道路由于需要较多的机械设备，并且需要适应月面高低温变化大的环境特性，适合在构建高级月球基地时修建。路面压实式道路的施工相对简单，适用于初级和中级月球基地。

阳　阳：那修建道路会不会很困难？毕竟月球表面很不平整。

爷　爷：是的，月球表面确实比较不平坦，但是科学家们已经想出了一些方法来解决这个问题。一种方法是使用月壤，将其压缩成路基，然后用聚合物材料将其黏合在一起，从而形成一个坚固的路面。另一种方法是使用月岩，将其粉碎并用作路基，然后在其上面覆盖一层聚合物材料，以形成一个平坦的路面。

科　科：爷爷，那月球上的道路和地球上的道路有什么不同吗？

爷　爷：月球上道路的修建需要考虑到很多地球上没有的因素。首先，月球上没有大气层，也不会降雨，因此路面无法被雨水冲刷。其次，月球上昼夜的温度差异非常大，白天很热，晚上则非常冷，所以道路需要能够承受这种温差变化。最后，月球表面覆盖着一层细小的尘埃，这些尘埃可能会对道路的材料产生磨损。

阳　阳：修建好的月球道路有什么用途呢？

爷　爷：月球上的道路可以用于连接不同的月球基地和资源开采点，以及运输月球上的物资和设备。这些道路还可以用于探索和科学研究，为人类深入探索太空提供更多的便利。

考考你

月面道路有哪些类型？

A. 路面压实式道路

B. 路面硬化式道路

C. 撞击坑天然道路

D. 路面软化式道路

6

长大以后"登月球"：
月球的基地建设

在科科的美术课上，老师让同学们发挥想象力，画出一幅人类在月球上的图景，班里的同学有的画人类和机器人一起协力工作，有的画在月球上种植蔬菜，有的画驻扎在月球的庞大的人类基地。回到家里，科科拿出自己的画作给爷爷看，并说道："爷爷，人类在月球上过着什么样的生活呢？和我画上的一样吗？"爷爷摸着科科的头说："科科的画很有创造力，但现实里人类在月球上需要做的工作还有很多呢。"科科好奇地问道："那人们是怎么在月球上建基地的呢？"爷爷笑着答道："自古以来，人类就有在月球上建设家园的梦想，我国古代的民间传说中，就有嫦娥与吴刚在月亮上生活的美丽神话。而最先提出建设月球基地设想的，是一批极富想象力的科幻作家。进入21世纪，建设月球基地将不再是幻想，而是要变成实际行动了，等会就跟你和阳阳说说人类准备怎样在月球上建设基地。"

1
月球基地的使命

阳　阳：月球基地是什么呀？

爷　爷：关于月球基地的概念有很多种说法，通常我们把在月球上建立的可供人类长期居住、生活及开展技术试验、科学研究和资源开发的各种基础设施的区域统称为月球基地。

科　科：那人们现在能住在月球基地里面吗？

爷　爷：按照现在的进展，人类还没有实现居住在月球基地里的设想。但按照建造计划，月球基地会经历无人月球基地阶段和载人月球基地阶段。

阳　阳：科学家们已经有了建设可供人类居住的月球基地的计划吗？

爷　爷：1987年10月，在国际宇航科学院大会上，来自50多个国家的近千名科学家和工程师，联名提议建造国际月球基地。1995年4月，在德国召开的会议上，各国科学家们讨论了建设月球基地的国际发展战略。目前美国、日本和欧洲空间局等国家和组织，都提出了建设月球基地的计划，并开始为实施建设月球基地计划做准备。

知识卡片

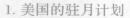

1. 美国的驻月计划

美国国家航空航天局（NASA）主导阿尔忒弥斯计划，该计划的长期目标是在月球上建立一个永久性基地，并促进人类前往火星。

2. 中国的驻月计划

2004年2月25日，中国宣布启动"嫦娥工程"，该工程的最终目的也是在月球上建永久性基地。2020年，中国提出了建立国际月球研究站的计划。

3. 俄罗斯的驻月计划

俄罗斯联邦航天局计划建造一个名为Lunny Poligon的全机器人月球基地。2021年3月9日，俄罗斯与中国合作，签署了联合建设国际月球研究站的谅解备忘录。

阳　阳：爷爷，人类为什么要在月球上建立基地呢？

爷　爷：第一，月球基地像是一个带有实验室的简单前哨基地。有了它，科学家就可以在月球上长期工作，开展更多太空活动。

第二，月球基地作为人类走向深空的跳板，未来将在那里发射走向深空的飞船，对改进的飞船结构和节省燃料都有重大意义。

考考你

人们可以在月球基地上从事以下哪些工作？

A. 技术试验　B. 科学研究

C. 资源开发　D. 空间观测

2

月球基地如何选址

阳　阳：建设月球基地首先要考虑什么呢？

爷　爷：首先要进行月球基地的选址，这可是一个极为重要和复杂的选择过程呢，里面有许多因素需要考虑。

科　科：那一开始是如何选择基地位置的呢？

爷　爷：选择基地的位置要考虑很多因素，大致可分为资源利用、科学目标和工程控制能力这三个要素。

阳　阳：为什么选址要考虑资源利用呢？

爷　爷：资源利用与月球基地的经济前景直接相关，月球基地所处位置要让基地获得充足的能源。建立月球基地的最终目的就是深度开发和利用月球资源，为人类造福。月球上各种资源有不同的分布特征，对月球资源的利用取向，很大程度上决定了月球基地的位置。

阳　阳：为什么选址要考虑科学目标呢？

爷　爷：完成指定的科学目标是建设月球基地的基本任务。进行月球基地建设之前，必须明确要实现的科学目标、最有利于目标实现的地区，以及可开展相关科学探测的选址点。选择的位置还要有利于物资存储和试验开展，便于航天员和物资从月球返回地球。

科　科：为什么选址要考虑工程控制能力呢？

爷　爷：进行月球基地选址时，必须考虑运载火箭、登月飞行器、发射场等工程，在实施过程中的能力约束，确保登月飞行器能够在选址区域安全着陆并完成探测和建设任务。选址区域的月面环境要适合建立月球基地,且要保证航天员在月球基地工作期间的生命安全,如果在月球上开展探测活动时遭遇危险,还要考虑地理位置便于救援。

科 科:如果考虑到地形因素,月球基地会建在哪里呢?

爷 爷:如果从月球的地形因素考虑选址,一些科学家建议在月球相对于地球的正面上建立基地。月球的正面地势比较宽阔平坦,有利于飞船的起飞和降落。

阳 阳:为什么一般不选择在月球的背面建立基地呢?

爷 爷:这里有两个原因。第一,月球背面的地形不利于建立基地,月球表面可以分为月海和月陆。月海是月面上宽广的平原,月陆则比月海要高出2000~3000米。月球背面几乎不存在月海,而且月球背面的撞击坑比正面更多,考虑到地形因素,很有可能会选择在月球的正面建立基地。第二,要保证月面出舱活动时航天员与地球间的通信联系,以及月面着陆和起飞时登月舱与地球间的通信联系。在没有月球中继通信系统的情况下,登月点必须对地面测控站可见,因此月球背面区域不适合建立基地。

科 科:月球背面就完全没有建立基地的意义吗?

爷 爷:如果是为了天文观测,则其实建在月球的背面更好。一是因为没有地球的光反射,月球背面的夜晚全黑,这对天文观测极为有利;二是因为月球屏蔽了来自地球的低频噪声干扰,所以月球背面是安装射电望远镜和长波红外观测仪器的理想场所。但建在月球背面的基地,从地球上是无法看到的,必须通过中继卫星与地球保持通信联系和数据传输。

阳 阳:爷爷,可以在赤道上建立月球基地吗?

爷　爷：当然有这个可能，在月球正面赤道附近建立月球基地，有利于科学研究或某些矿产资源开发。一是赤道地区白天有充足的阳光，可为基地提供充足的能源；二是月球正面赤道附近的月海区有丰富的矿产资源，如钛铁矿可用于制氧，为月球资源开发提供了便利条件；三是就天文观测来说，设在月球极区的天文观测站只能观测半个"天空"，例如设在南极的天文观测站无法观测北极的"天空"，而设在赤道附近的天文观测站由于月球的自转，能够观测整个"天空"。

科　科：那么可以在月球的两极上建立基地吗？

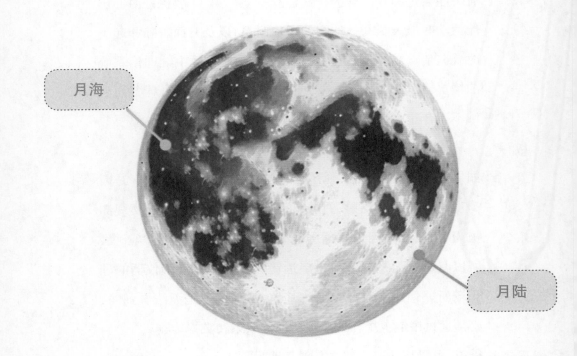

月海

月陆

爷　爷：在两极上建立基地也是很不错的想法。在两极上建立基地有利于从月球上观测地球，并且月球两极充足的阳光能给基地供应能源。许多科学家提出在两极各建立一个太阳能发电厂，这样月球的一天中总有一个发电厂能获得太阳光，可以保证始终有一个发电厂在发电。

阳　阳：那科学家在两极上找到了合适的地点吗？

爷　爷：科学家在月球北极的皮里环形山北部找到一个适合建基地的地点。这里除了有阳光和水冰外，温度也比较合适。月球表面虽然没有大气层覆盖，昼夜温差大，但是皮里环形山北部由于地形特殊，常年受阳光照射，昼夜温差较小。因此，未来的月球基地很可能选址于月球的两极地区。

科　科：目前有更好的月球基地候选区吗？

爷　爷：比较月球极区、月球赤道区域和月球其他地区，月面正面的虹湾是条件较好的月球基地的选址区。

知识卡片

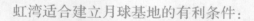

虹湾适合建立月球基地的有利条件：

1. 地形平坦：虹湾地区绝大部分地区非常平坦，整体地形坡度不大于2°，适合月面着陆与起飞、航天员出舱活动、驾驶月球车进行月面巡察等。

2. 矿产资源丰富：虹湾地区富含钛铁矿资源，而钛和铁是进行月球基地建设和月球资源开发利用的重要矿产资源。

3. 有助于月球地质研究：月球地质演变过程中的火山活动在虹

152

湾地区留下了许多特殊的地质结构,便于观测研究特殊的岩浆地质构造。

4. 有助于研究月球的热演化:在虹湾地区安放测量月球物理特性的仪器,如地震仪和地热仪等,通过深入探测虹湾地区月海玄武岩的厚度可估算岩浆的喷发量,推测月球的热演化过程。

5. 有助于物资运输:虹湾地区重要岩石出露点与登月点的高度差小,便于物资运输。

阳　阳: 光是基地选址就需要考虑这么多方面,看来建设月球基地确实是一个大工程呀!

爷　爷: 是啊,月球基地的选址还要考虑到科考工作的性质,如果是为了开发月球资源,就要把基地建在月球资源丰富的地区;如果是为了天文观测,则应该把基地建在月球的背面。需要我们细细思考的地方还有很多呢!

考考你

月球基地可以建在哪些位置?

A. 两极　　　B. 赤道

C. 月球正面　D. 月球背面

3
月球基地如何建造

科 科：爷爷，那在月球上的人们会和我们一样住在地面上吗？

爷 爷：科学构想的月球基地和科幻电影上描绘的不一样，人们会住在月面下的洞穴家园里。

阳 阳：航天员为什么要住在月面下的洞穴家园里呢？

爷 爷：月球表面的环境非常恶劣，在月球表面上，太阳直射的热量太大了，白天的温度非常高，而且昼夜温差大，宇宙射线强，还会遭到微流星、陨石和小天体的撞击，所以将长期居住的家园修建在月面之下的洞穴里，能够减轻这些不利的环境因素的影响。

科 科：那我们如何找到合适的洞穴呢？

爷 爷：我们会使用高科技的卫星和探测器，它们可以扫描月球的表面，帮助我们发现适合建造月球基地的洞穴。

阳 阳：月球基地看起来很庞大，那它是如何搭建起来的呢？

爷 爷：在太空运输过程中，如果通过大推力火箭将沉重的舱段一次性运往月球，不仅实现难度大，而且会耗费高昂的成本。所以未来的月球基地，是通过舱段组合的方式来建造的。这些舱段事先在地球上造好，通过小火箭分批发射到近地轨道空间站上，并在那里进行对接，然后再飞往月球。抵达月球后，在航天员的控制下拼装组合成基地。

阳 阳：月球基地需要那么多物品，全靠火箭运输很不方便，可不可以在月球上直接制造呀？

爷 爷：当然可以，在月球基地上，我们会使用一种新兴技术——3D

打印技术来制造我们需要的物品,这种技术可以让我们更加快速、灵活地制造出需要的物品。这样,我们就可以在月球基地上独立自主地进行建设和维护工作,而不需要完全依赖于地球。同时,使用3D打印技术还可以减少能源的浪费。

科 科:那3D打印技术需要什么材料呢?

爷 爷:在月球基地上,我们可以使用月壤和矿物质作为原材料。将原材料粉碎并加工,制成一种类似沙子的粉末材料,然后将这些粉末材料注入3D打印机中,通过3D打印机的加热和冷却等方式成型,经过处理后就可以用于3D打印。

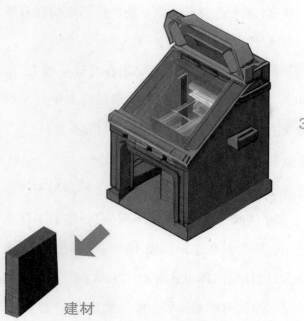

3D打印机

建材

科 科:哦,原来如此!那3D打印机是怎么工作的呢?

爷 爷:3D打印机是一种非常特别的机器,它可以通过堆叠材料来创建三维形状的物品。这个过程就像我们用玩具积木一块块堆叠一样。3D打印机将需要打印的物体拆分成一层层的切片，并使用不同的材料进行打印，一层一层地堆叠，最终形成物体。打印材料可以是塑料、金属、陶瓷、玻璃等各种材质，可以根据需要选择。

阳　阳：那么在月球基地，3D打印技术可以打印哪些东西呢？

爷　爷：在月球基地，我们可以用3D打印技术打印各种各样的设备和构件，比如零件、工具，甚至是房屋等。如果需要在月球上建造一座建筑物，我们就可以用3D打印技术来制造建筑所需的零件和材料。而且3D打印技术还可以根据需要制造特殊形状和结构的物品，可以说是非常灵活和实用的技术。

阳　阳：原来如此！那么，未来还会有哪些有趣的技术应用在月球基地上呢？

爷　爷：未来，我们可能会看到更多的技术应用在月球基地上，比如虚拟现实和人工智能等。这些技术将帮助我们更好地探索月球并为未来的月球基地建设提供更多的帮助。

阳　阳：人们在月球上会住在什么样的房子里呢？

爷　爷：人们住在月球基地居住舱里，那里像地球上的房屋一样是人生活居住的地方，由于月球的特殊环境，它的建造不仅非常重要而且复杂。随着月球基地规模不断发展和扩大，航天员人数越来越多，居住舱的建设任务也越来越重。科学家们提出了各式各样的建设月球基地居住舱的构想。

科　科：月球基地构型都有哪些呢？

爷　爷：月球基地构型可以分为平面型、垂直型和混合型。平面型是指各个月球舱在同一平面布局；垂直型是指各个月球舱在垂直方向上布局，即可在月球垂直空间向月面上方或月面下方布局;混合型则是在平面和垂直方向均有布局。通常月球基地建设初期优先考虑技术难度相对较小的平面型,之后逐步向混合型发展。

阳 阳: 月球舱是什么?

爷 爷: 月球基地本体一般由多个月球舱组成,并且各个月球舱之间都是相对独立的。月球舱有居住舱、实验舱和控制舱等类型,居住舱提供航天员居住、休息和娱乐的空间,同时需要提供足够的空气、水和食物等生命保障物资。实验舱用于完成科学实验、技术测试等任务。此外,还需要一个控制舱,它包含了基地的通信和控制设备,航天员可以在这里监控基地的各种系统和设备。

阳 阳: 那么,月球基地的房屋是如何建造的?

爷 爷: 月球基地的房屋通常是用太空船在月球上运送的预制件组装而成的。它们通常是采用隔热防辐射材料和高强度结构的耐压材料建造的,这些材料可以保证它们在月球的极端温度和真空环境下安全、稳固。月球基地的房屋还需要有适当的空气循环和环境控制系统,以确保人员能在其中安全地生活和工作。

科 科: 爷爷,那么这些高科技的材料都是什么呀?

爷 爷: 科学家们研发了很多新型材料,其中包括超强铝合金、高强度钢铁、防紫外线和放射性辐射的特殊涂层,还有具有高隔热性能的玻璃钢等。

阳 阳: 月球上的航天员建造月球基地时是不是跟地球上修房子一样要用到挖掘机?

爷 爷: 是的,由于月面低重力和真空等特殊环境的影响,航天员在月面实施人工作业的能力有限,大规模月球基地的构建必须借助施工机械设备来完成,或者说必须开展人机联合作业才能构建月球基地。月球基地的构建需要挖掘机、压实机、平地机、起重机、拖车、叉车、卡车和月面机器人等施工机械设备,以及其他专用机械设备。

阳　阳：在月球基地建设的过程中,人们需要经常进行搬运吗?

爷　爷：是啊,在建设月球基地时,人员在月面的流动和物资的运送工作量将是很大的。例如,需要把来自地球的物资从月球着陆场运送到月球基地,或是将月面开采的矿物运送到月球加工厂;还需要到采矿点维修设备,外出查看天文观测仪器,进行远距离采样活动;对发生事故的航天员进行营救,或是将准备离开月球的航天员送往月球发射场等。

科　科：如何解决月面上大量的人员和物资运送问题呢?

爷　爷：第一种运输工具是月球车,月球车有开放式和加压式两种。开放式月球车很像我们熟悉的电瓶车,其驾驶舱是敞开的,乘坐时需要穿月球航天服,由人驾驶,其结构简单,制作容易,是一种密封式、舱内加压的电动月球车。开放式月球车内装备了环境控制和生命保障系统,提供氧气、水、食物以及二氧化碳处理和保持温度、湿度的设备,就像是一个能移动的小型居住舱。加压式月球车还设有一个供航天员出入的气闸舱,与开放式月球车相比,其行驶距离更远,工作时间更长。

阳　阳：那第二种呢?

爷　爷：第二种运输工具是月面火箭,月面火箭是可以在两个发射点之间飞行的载人运输工具,当航天员从月球表面一点到遥远

的另外一点时，可以使用这种快捷的交通工具。由于月球重力只有地球重力的六分之一，火箭起飞比在地球上容易得多，消耗的燃料也少。

科　科：还有其他的运输工具吗？

爷　爷：除此之外还有多用途运输工具。多用途运输工具既是运输车，也是具有某种功能的月球机器人。这类运输工具由月面航天员遥控，有轮式运输车、履带式牵引车等，它们主要负责完成月面运输任务。如果需要还可以增加附加设备来扩大功能，如增加铲子可以作为铲车，增加挖掘设备可以开挖基坑，还可以增加移走岩石的绞盘、切割月岩的装置等，它们在月球基地建设中将发挥重要作用。

科　科：爷爷，月球基地是怎么一点点发展起来的呢？

爷　爷：月球基地是分阶段建设的，也经历了一个发展壮大的过程，分别是前哨站、半永久性月球基地、永久性月球基地和月球村。

阳　阳：前哨站是什么呢？

爷　爷：第一阶段的临时性月球前哨站规模不大，在月球前哨站将进行从月壤中提取水和氧气试验、月球资源开发试验以及植物栽培试验等。这种前哨站最基本的设施包括一个能防辐射并适合航天员生活的居住舱、一个实验舱及一个能提供生命保障和食品的后勤舱；还包括一个带气闸门的连接舱，用于航天员出入月球表面；还要有提供能源的能源舱和一辆月球运输车。

科　科：半永久性月球基地是什么呢？

爷　爷：第二阶段是建立半永久性月球基地，半永久性月球基地由多用途月球基地舱、专用设备舱、科学实验室、大型观测台和月球工厂等组成，各舱段之间用通道相互连接。基地能源由已经建成的月球太阳能电站提供。该阶段月球基地主要是生产水和氧、永久性月球基地建设用材料、推进剂等，进行循环生态系统研究，制取少量氦-3等能源材料。这一阶段的基地人员由航天员及各类专家约24人组成，一般一年轮换一次，为建设永久性月球基地奠定基础。

阳　阳：那我们能长期待在月球上面吗？

爷　爷：这就到了第三阶段——建立永久性月球基地，永久性月球基地由设备制造厂、农业工厂、月球港湾、医院等功能单元组成，主要任务是大规模开发利用月球资源，满足地球能源需求，进行全面深入的月球研究和天文观测，建成火星中转站，是自主式全能型的月球基地,将可容纳上百人在那里长期生活和工作。

科 科:最后就是实现月球村啦!

爷 爷:是啊,第四阶段是建立月球村或月球城,在永久性月球基地的基础上,不断扩大发展,建立具有封闭循环生态系统的月球村或月球城。作为月球上的永久性居住点,需要备有运输机器、材料加工厂和制造车间,其设备可以加工月球上的材料,制造更多的机械设备,建造更多的材料加工厂和制造车间,达到规模化的生产能力。利用基地的制造加工能力,可以在月球上建设科研基地、实验室、医疗中心和火箭燃料生产工厂,进一步提高空间探测和月球资源开发能力。月球移民区可以发展各种制造业,合成空气和水,种植农作物,饲养动物。月球村或月球城有先进而完善的再生式生命保障系统,提供氧气、水、食品、生活必需品、电力和火箭燃料,实现自给自足,不再依靠地球的物资供应,此外还能解决宇宙辐射防护和月球重力的适应问题。

考考你

什么运输工具可以解决月面上大量的

人员和物资运送问题?

A. 月球车　　　　　　B. 月面火箭

C. 多用途运输工具　　D. 航天飞机

4
如何在月球基地上生活？

科　科：爷爷，月球基地里的人们怎么生活呢？

爷　爷：生活在月球基地里需要解决很多问题。首先是食物和水的问题。月球上没有植物和水源，所以我们需要带上食物和水，或者通过制造水来解决水的问题。

阳　阳：月球没有氧气，航天员是怎么获得氧气进行呼吸的呢？

爷　爷：对于中长期的月球任务，由于航天员在月面停留和作业的时间长，消耗的氧气量大，需要采用闭环再生和原位资源利用的方式来解决氧气问题。月海玄武岩中含有丰富的钛铁矿，可以从中提取氧元素。钛铁矿能够与氢气发生反应，生成水和钛，然后再通过电解的方式，将水分解成氢气和氧气。此

外,月球基地培养的植物也可以通过光合作用吸收二氧化碳,从而产生氧气。

科 科:如果要生存下来,月球基地需要的水从哪里获得?

爷 爷:根据科学家们的分析,在月球南北两极的永久阴影区有大量水冰,这些水冰存在于月壤中。在真空环境下,将月壤加热到一定温度,再经过蒸馏和冷凝的过程,就可以获得液态水了。

阳 阳:月球上的航天员们怎么使用电呢?

爷 爷:能源问题是月球基地工程面临的另一个重要问题。目前学者们考虑有两种选择,一种是采用太阳能供电方案,另一种就是美国国家航空航天局极力推荐的核能供电方案。若月球基地采用太阳能电池阵供电,需将基地建设在月球两极,如火山坑边缘的高地地区,保证持续受到阳光的照射,且需考虑如何消除月尘的影响;若建设在赤道区或其他纬度地区必须要解决月夜时的供电问题。因此,核能供电问题受到学者的广泛关注。近年来,又有学者提出采用空间太阳能电站向月球表面供电、月球地热供电等新思路和新方案来解决月球基地的能源问题。

科 科:人们怎么在月球上吃到新鲜的蔬菜?

爷 爷:在月球基地培育蔬菜,一般采用营养液栽培的方式。月球的引力只有地球的六分之一,因此无论采用哪种种植方式,都必须保证植物的根在微重力环境下能够接触到营养液。

阳 阳:看到电视里在月球的航天员可以很轻松地跳起来,感觉他们很开心呢!

爷 爷:因为月面的引力比地球小,人类能轻松地进行跳跃等活动。

但如果航天员长期处在这种重力环境下,对其机体的免疫系统影响很大,胸腺及脾脏会发生萎缩,各种免疫细胞的功能都会有所降低;长期处在微重力环境下,还会导致航天员肌肉萎缩、骨质流失、视力下降,甚至发生基因变化等问题。

科 科: 怎么克服月球引力带来的困难呢?

爷 爷: 为了解决这一问题,航天员训练中心的专家们正携手努力,研究可在月球基地上供航天员使用的健康训练系统。航天员只有在月球基地里坚持不懈地进行锻炼,才能预防空间失调综合征,更好地保持人体心血管、骨骼、骨骼肌的健康,确保能开展月面探测、科学实验及资源开发利用等工作。

阳 阳: 那航天员们是如何适应月球环境的呢?

爷 爷: 月球基地的生活区要模拟地球的环境,给航天员提供舒适的

生活环境。航天员要穿特殊的航天服,它们可以保护航天员免受月球环境的伤害,但穿上航天服后仍要防止月尘进入。

科 科:航天员为什么要穿舱外航天服呢?

爷 爷:月球表面是真空环境,航天员进行舱外活动时,就需要穿上舱外航天服。航天员在月球基地内部工作和休息时,只需要穿舒适的舱内航天服,将舱外航天服挂接在基地外,能够防止月尘乘机而入,污染基地里面的环境,损坏机械设备。此外,在危险时刻,舱外挂接的航天服还能充当航天员的生命保障装置。

阳 阳:为什么航天员在穿着舱外航天服进行室外工作时,也要小心月尘带来的破坏呢? 月尘为什么这么危险?

爷 爷:月尘是月球表面覆盖的一层细沙,这些沙粒的直径不到0.03厘米。月尘是月球形成过程中由陨石体反复撞击产生的颗粒。月尘颗粒的表面非常锋利、坚硬,且带有静电,带电的月尘由于静电作用可以悬浮于月表上空,形成带电的"喷泉"现象。月面环境具有高度真空、极度干燥的特点,如果月尘进入航天器的机械结构中,就会引起磨损或卡死。航天员在舱外活动时,月尘还有可能划破航天服、卡住航天服的拉链导致危险的发生。

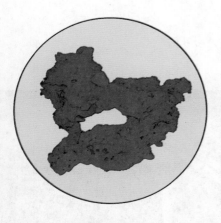

放大的月尘

科 科:那有解决月尘危害的方法吗?

爷 爷:为了解决月尘问题,科学家们采取了多种措施。月尘的防护与清除应建立在监测的基础上,以防护为主,清除为辅。相对月尘清除而言,对月尘的预防更易实现,且一般不会增加额外消耗。此外一般的清除方法可能会擦伤设备敏感表面,并且由于月尘的吸附力很强,清除效率并不高,对月尘的监测是月尘防护与清除的基础。

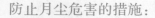

知识卡片

防止月尘危害的措施:

1. 预先探测:在人类登陆月球之前,科学家们会先派遣探测器进行勘测和探测,以了解月球表面的情况。这些探测器可以探测到月尘的密度和分布情况,为后续任务的完成提供指导。

2. 使用特殊材料:探测器和航天服通常都由特殊材料制作而成,避免受到月尘的损害。这些材料可以有效地隔离月尘,保护探测器和航天员的安全。月尘的防护可以分为主动防护和被动防护,主要方法有改善机械及密封件的耐月尘性,采用自动防尘膜、纳米荷叶效应表面或涂层、电力屏蔽、导电防护膜等。

3. 定期清理:对于已经登陆月球的探测器,在尽量不损伤探测器表面性能和不消耗过多能量的原则下对其沾染的月尘进行定期清除。科学家们可以使用机械清除、电帘除尘、吸尘器等设备来清理探测器表面的月尘,避免月尘对设备造成影响。

4. 探测器设计:在探测器的设计上,科学家们也会考虑到月尘的问题。例如,可以使用密封设计等方式,避免探测器受到月尘的影响。

阳　阳：月球基地的气闸舱是用来做什么的？

爷　爷：气闸舱是保证航天员安全进行舱外活动的关键设施。气闸舱上有两扇门，通向舱外的是外舱门，通向基地内部舱体的是内舱门。航天员出舱前要将气闸舱内的气体放掉，使得气闸舱内的压强接近零，这样才能打开外舱门，进行舱外活动；航天员完成舱外活动，先要回到气闸舱内，关闭气闸舱外舱门后，再向气闸舱内补充气体。只有将气闸舱内恢复到 1 个标准大气压的压强时，才能保证航天员可以进入基地的舱体内部。

阳　阳：如果航天员在月球基地上受伤了，怎么治疗呢？

爷　爷：考虑到航天员可能会出现伤病，月球基地中必须有经过专业培训的医疗人员，负责航天员的生理监测、疾病诊疗，进行医学实验，积累人体生理数据，分析月球基地环境对人体的影响。月球基地提供必需的医疗设备保障航天员患病情况下的诊疗。医疗设备的种类无法也不需要覆盖所有可能的疾病，只需覆盖一般性疾病及月球基地支持诊治的疾病，如果航天员出现持续患病或病情危重的情况，必须迅速返回地球诊治。

科　科：如果月球基地上出现意外灾害，比如说火灾，该如何处理？

爷　爷：在长期基地任务期间，月球基地可能出现火灾、有毒气体泄漏，甚至核泄漏等危险情况，一旦发生事故，月球基地需为航天员提供避难场所和安全防护装备，并在事故发生后，为航天员提供有效的医疗处理措施，避免航天员的健康受到持续影响。从根本上而言，提升月球基地中航天员安全水平的关键在于预防，因此，月球基地总体方案设计中必须充分考虑安全保障措施中的预防手段,提前排查安全隐患,并组织航天员演习事故发生时的应急处理措施。

阳 阳: 以后越来越多国家建设月球基地,彼此之间有约定吗?

爷 爷: 现在月球资源开发活动的国际法律制度尚未建设到位,目前普遍适用的国际法律制度主要有《外空条约》《营救协定》《责任公约》《登记公约》《月球协定》等五项规范。随着载人登月和月球基地工程的发展,相关的法律问题必定会随之而来。本着谁先登月谁先受益的基本原则,必须高度关注月球资源开发活动中的有关法律问题,才能更有效地推动我国载人深空探测活动的发展。

考考你

月球基地需要的水从哪里获得?

A. 水的循环生产和再利用

B. 开采水冰

C. 矿物中提炼出产生氧气所需的元素

D. 彗星

5

机器人:月球基地
的好帮手

科 科:只有人类在月球上工作吗?

爷 爷:单靠人类的力量,很难完成月球上繁重的探索活动,还需要依靠机器人的协助。月球机器人接受人类的指挥,弥补人类自身力量的不足,用来部分或完全替代人类从事某些工作。

阳 阳:月球机器人与地球机器人有什么区别吗?

爷 爷:月球机器人与地球机器人的区别之处在于它运行于月球的特殊环境之中,并且必须适应月球的各种环境来完成任务。在月球基地的高级阶段还可能用到各种服务型机器人,代替人来操作各种仪器设备,并且代替人照料月球基地。从建设月球基地和探索月球的活动来说,月球机器人的任务是执行精细化操作,参与月球基地的各项基础设施设备建设和维护,实现未知复杂区域的探测,实施科学探测考察等。

阳 阳:月球家园的建设,为什么需要机器人参加?

爷 爷:月球家园的建设很复杂,所以需要航天员和月球机器人一起完成。

科 科:月球环境比地球要恶劣很多吗?

爷 爷:月面环境十分恶劣,人离开生命保障系统,是无法生存的。航天员在月球上必须身穿笨重的航天服,背着沉甸甸的便携式生命保障系统。而且还不能在居住舱外工作太长时间。然而,机器人不需要特殊的航天服,也不需要密闭居住舱和复杂的环境控制、生命保障系统,可以在月面长时间工作。机器人还可以承担危险的和特殊的工作,例如进入极寒冷的

月球南北极永久阴影区进行探测等。在月球基地建设中,机器人最能充分显示自己的本领,为基地建设打先锋。

科 科:那这些机器人是怎么获得能量的呢?

爷 爷:这些机器人通常会搭载太阳能电池板,这样就可以利用太阳能提供动力。当然,也有一些机器人会搭载电池设备,以便长时间地工作。

阳 阳:月球机器人是不是有很多种类型?

爷 爷:月球机器人的确有很多种类型,其中常见的有月球车、机械臂、无人机、机器人助手、钻机等。

知识卡片

常见的月球机器人:

1. 月球车是一种可以在月球表面行驶的机器人,通常由轮子或履带驱动,可以携带科学仪器进行月面探索和样本采集等工作。

2. 机械臂是一种长臂机器人,可以伸缩、旋转和抓取物体。在月球基地上,机械臂可以用来完成搬运和安装设备、进行月面勘探和维修等任务。

3. 无人机是一种可以在空中飞行的机器人,通常配备相机和其他传感器,用于拍摄和收集月面数据和图像。在月球基地上,无人机可以用于完成勘探、监测和搜索任务。

4. 机器人助手是一种可以自主行动的机器人,可以与人类进行交互,完成简单的任务,如打扫、洗涤、送餐等。

5. 钻机是一种专门用于钻探岩石和月壤样本的机器人。在月球基地上，钻机可以帮助科学家和工程师获得有关月球深处的信息。

这些机器人都有不同的特点和功能，可以完成不同的任务，大大提高了人类在月球上的工作效率。

阳　阳：这些机器人还可以这样运用啊！那它们的外形和大小是一样的吗？

爷　爷：不一定，每种机器人的外形和大小都有所不同。有些机器人很小，可以轻松地放在手掌上，而有些机器人则非常大，有些甚至像一间小屋子那么大。

科　科：哦，我明白了。原来机器人的大小是根据它们要完成的任务来设计的。

爷　爷：对，科技的发展使得机器人设计变得更加多样化和智能化，未来的机器人可能会有更多种类和更多功能。

科　科：机器人还可以修理和维护设备，那它们是怎么做到的呢？

爷　爷：有些机器人被设计成可以完成各种任务，包括维修和维护设备。它们可以使用各种工具和设备来检查、维修和替换损坏的部件，确保设备始终保持良好的工作状态。

阳　阳：爷爷，月球上有没有汽车啊？

爷　爷：可以把月球车看成像汽车一样的移动设备，用于在月球表面收集样本、执行实验和进行探索。它们可以帮助科学家收集和分析月球上的材料和数据，以了解月球的组成和历史。

阳　阳：爷爷，为什么人们要在月球上使用月球车呢？

爷　爷：第一，月球表面非常粗糙，环境也非常恶劣，人类无法在这样
的环境下生存，因此我们需要月球车来探索月球表面和收集
数据。第二，月球上的重力很小，人类可以跳得比在地球上
高得多，但是，这样移动起来比较困难，而月球车可以帮助人
类更轻松地探索月球。

科　科：哇，那月球车是怎么工作的呢？

爷　爷：月球车是由摄像头、传感器、激光雷达等设备组成的，包括轮

子、电池、通信设备和科学仪器等。月球车主要用来探索月球表面，它们被用于搜集和分析月球样本，以了解月球的化学成分和矿物质分布。此外，月球车还可以拍摄照片，进行地质勘探，寻找适合月球基地建设的区域，以后也将用来运输航天员和物资。你们知道月球车是怎么到月球上的吗？

科　科：是不是也是用火箭把它送到月球上的？

爷　爷：对，月球车是通过登月舱被送到月球表面的。

科　科：月球车会不会坏掉？

爷　爷：当然会坏掉，但是这并不会影响我们的研究。以后在月球基地上会有专门的工程师和技术人员来负责修理和维护月球车。如果有必要，我们还可以通过火箭送一些备件和工具到月球上去。

阳　阳：那月球车的形状是什么样的呢？

爷　爷：月球车的形状有很多种，大多数是由几个轮子组成的，而且有的还会配备机械臂、高清摄像头等科学研究设备，方便科学家们进行实地观测和采样。

阳　阳：那月球车可以探索多大的范围呢？

爷　爷：这取决于月球车的设计和功能。有一些月球车被设计成只能在基地周围移动，而有的月球车则可以前往更远的地方，甚至是越过月球的表面。

阳　阳：平常看到的月球表面的照片也是月球车拍摄的吗？

爷　爷：是的，我们看到的月球表面照片一般是由月球车拍摄的。中国"玉兔二号"月球车搭载的全景相机可对周围环境进行360°环拍。

科　科：好厉害啊，我也想去月球开月球车！

爷　爷：哈哈！谁知道你以后会成为什么样的科学家呢！

阳　阳：月球机器人需要做什么工作呢？

爷　爷：月球机器人要承担月球基地的工程建造、采矿、探测和设备维护等工作。月球机器人还会参与地质勘查，采集数据和样品，并建立月球综合科学观测平台，实现对月球环境资源矿产资源的开发利用。

知识卡片

月球机器人按功能可以分为以下6种：

1. 大力士型机器人：力气大，适合做重活，如装卸、搬运和安装大型结构件等。

2. 多面手型机器人：在月球基地完成多种工作，既能完成一般的体力工作如挖掘，又能进行一些精细操作如建筑安装等。

3. 灵巧型机器人：负责完成各种精细操作，如精密仪器设备的安装、操作和维护等。

4. 实验机器人：在月面根据需要采样，进行实验分析。

5. 筑路机器人：负责飞船着陆场地建设，如开凿和挖掘、平整土地、修筑道路等。

6. 其他作业机器人：如建设机器人、机器人修理工、排险机器人和在月球基地建设中承担日常杂务的机器人等。

科　科：爷爷，我听说机器人可以帮我们在月球上找到水，是真的吗？

爷 爷：是的，机器人在未来的月球探索任务中将扮演重要的角色，帮助我们找到水和其他有用的资源。通过搭载在月球车或探测器上的设备来对月球表面进行物质分析，从而寻找水分子或者水冰的存在。德国2013年在不来梅公布了一款由德国人工智能研究中心研发的新型探月机器人，该机器人可执行在月球寻找水源等任务，其CREX六足攀爬系统可适应多种地形。

阳 阳：月球上的机器人也会有触觉吗？

爷 爷：触觉是月球机器人必备的功能，即使最简单的月球机器人也会安装一些最基本的压力传感器和温度传感器。触觉所包含的内容较多，包括我们通常所理解的接触感觉和滑动，以及热的感觉等，在获取月球样本、样本物理特性分析、移动设备抓取、月球基地安装和维护，尤其是精细操作方面很重要。

科 科：爷爷，您知道月球上有一辆能够自主行驶的月球车吗？

阳　阳：就像我们玩遥控小车一样，但是它能在月球上行驶，真厉害！

爷　爷：当然知道啦，你们说的应该是Lunokhod无人驾驶月球车，是苏联研制的月球探测器之一，其中Lunokhod 1号和2号分别于 1970 年和1973年登上月球，它们被认为是当时最先进和最成功的机器人之一。

科　科：那Lunokhod到底是什么样子的呢？

爷　爷：Lunokhod的外形有点像一只甲虫，有四个大轮子，还有一根天线。

阳　阳：甲虫？听起来挺可爱的，那这个机器人有什么任务呢？

爷　爷：Lunokhod的主要任务就是在月球上进行探测，它可以收集月壤和岩石样本，还可以拍摄月球表面的照片。

科 科：那 Lunokhod 是怎么行驶的呢？

爷 爷：Lunokhod 有一个太阳能电池板，可以通过太阳能来供电。

阳 阳：Lunokhod 走得有多快呢？

爷 爷：Lunokhod 行驶速度比较慢，大约是每小时 2 千米。Lunokhod 1 号在月球雨海地区进行了为期 11 个月的探测活动，行程 11 千米，其间传回了电视影像和科学数据。Lunokhod 2 号穿越了勒莫尼耶环形山，在 8 周时间内行驶了 37 千米。

科 科：那 Lunokhod 在月球上的发现对我们现在的研究有用吗？

爷 爷：当然有用。它们的发现和传回的数据为我们更好地了解月球的地形、成分和环境提供了重要的参考。这些发现和数据可以帮助我们更好地规划未来的探测任务和建设月球基地。

阳 阳：哇，那 Lunokhod 真厉害啊！

爷 爷：是的，它们为我们探索月球做出了重要的贡献。

考考你

月球车由哪些设备组成？

A. 摄像头　　B. 传感器

C. 激光雷达　D. 太阳电池板　_____

6
保护月球基地：
如何应对危险

科 科：爷爷，我听说月球基地需要防护系统，是真的吗？

爷 爷：没错，月球表面没有大气层，无法阻挡太阳辐射和陨石的侵袭，所以为了保护月球基地的人员和设备，我们需要防护系统。

阳 阳：月球基地会面临什么威胁呢？

爷 爷：月球基地所面临的主要威胁来自空间辐射、微流星和其他小天体等，其中人类对空间辐射和月尘的研究由来已久，经过多年的月球探测，已初步掌握了空间辐射的基本情况，而对于微流星和其他小天体的研究进展有限，且缺乏数据支持。

科 科：爷爷，空间辐射是什么呀？

爷 爷：空间辐射是指来自空间带电粒子的辐射，其强度与太阳的活动密切相关。空间辐射环境包括空间天然和人工产生的电离辐射和非电离辐射，天然非电离辐射主要来自太阳的光辐射和射频辐射，而能对生物机体造成严重损伤的辐射主要来自空间电离辐射。

科 科：月球上的辐射是不是会对航天员产生危害？

爷 爷：是啊，在长期的月球基地任务中，航天员受到空间辐射的影响较大，这些高能带电粒子对人体、材料和元器件都有破坏作用，会影响空间飞行安全。空间辐射可以损伤航天员组织或器官中的遗传物质，破坏人体骨髓、皮肤、中枢神经系统等组织器官或系统，引发白内障甚至癌症、白血病等疾病，并且对人体的伤害会随着时间推移而逐步积累。

阳 阳：如何避免空间辐射对航天员的伤害呢？

爷　爷：空间电离辐射的能量高,完全屏蔽空间辐射是不可能的。因此,空间辐射防护的原则是在合理可行的条件下,尽量降低航天员接受的辐射照射量。目前,适用于月球基地任务的典型辐射防护方法有质量屏蔽防护方法、化学药物防护方法及其他防护方法。

科　科：质量屏蔽防护方法是什么?

爷　爷：质量屏蔽防护方法是目前主流的载人航天辐射防护方法,它指的是使用厚重物质来屏蔽辐射,例如铝、不锈钢和酚醛环氧树脂等。这些物质的密度非常高,可以有效地屏蔽辐射,使航天员免受伤害。在月球基地任务中,我们可以使用厚实的月壤或者其他类似材料来进行质量屏蔽防护。

阳　阳：如果说越厚的物体就能越有效地屏蔽粒子辐射,那我们可以把屏障加到足够厚吗?

爷　爷：质量屏蔽厚度应适当选择,而不是越厚越好。虽然说一定厚度的物质能够屏蔽一定能量范围的粒子辐射,并使贯穿粒子的能量有所降低,但增加舱体的质量厚度将提高对运载火箭运载能力的需求,代价十分高昂,相应的运载能力需求将是无法承受的。

科　科：那应该选用什么材质来屏蔽辐射呢?

爷　爷：目前载人航天器结构材料以铝合金为主。在太空辐射防护方面,液氢从理论上说是最好的屏蔽材料,但由于液氢的存储温度、容器的隔热要求和体积,以及由此带来的安全和可靠性问题,使其尚难以进行实际应用。一旦容器隔热性能遭到破坏,将造成温度冲击,使舱段断裂;液氢混入座舱大气也易于引起爆炸。因此,较理想的屏蔽物质是水,其屏蔽效能虽不如液氢,但比铝要强很多。

阳　阳：化学药物防护方法是指什么呢？

爷　爷：化学药物防护方法是指使用一些特殊的化学物质来保护人们免受辐射伤害。这些物质可以吸收、分解或者转化辐射，使其变得无害。人体受到电离辐射前后服用某些药物能减轻辐射损伤。在放射医学中，高剂量照射易引起人恶心或呕吐，此时服用一些止吐的药物可减轻辐射反应症状。

科　科：还有别的防御辐射的方法吗？

爷　爷：当然了，除了上面说的这些防护方法之外，还有一些其他的防护方法。

知识卡片

其他辐射防护方法：

1. 使用电磁场来屏蔽电离辐射。美国国家航空航天局正在研究一种利用超导磁体在深空太空舱周围形成磁场的方法，在太空建造有源屏蔽。英国科学家研制的"电磁伞"将由超导磁体产生，并笼罩住整个月球基地，阻止宇宙射线穿过。

2. 监测并预测太阳风暴和宇宙辐射。为保证航天员的生命安全，需要进一步增强对空间天气及太阳风暴的预测能力，同时需在月球基地本体外加装电磁防护盾等被动防护设备，也有学者提出采用主动超导磁体在深空太空舱周围形成磁场等主动防护方法，以消除空间辐射环境对航天员和仪器设备的影响。

3. 建立大型的深层地下基地，利用月球实现对辐射的防护。在月球表面建造有防辐射屏障的基地，以保护航天员免受高强度辐射的影响。或者限制航天员在月球表面活动的时间,更多地待在地下掩体或基地中。

科　科:爷爷,什么是热辐射呢?

爷　爷:热辐射是一种物体向周围环境放出的能量,它是由物体内部分子和原子的振动产生的,可以光的形式传播。

科　科:月球的热辐射跟地球有什么不同呢?

爷　爷:月球没有大气层的保护,它的表面温度受到太阳的极大影响。巨大的昼夜温度差异也导致了月球热辐射的特殊性质。

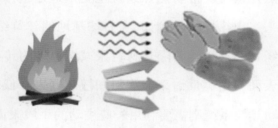

热辐射

科　科:月球的热辐射对人体有影响吗?

爷　爷:是的,月球上的热辐射会对人体造成一定的影响。白天月面温度很高,如果直接暴露在阳光下,人体会受到热辐射的侵害,皮肤可能会被灼伤。而在夜晚,表面温度很低,人体也需要防范低温对身体造成的危害。

科　科:那么人们在月球上要怎样应对热辐射呢?

爷　爷:为了保护航天员的安全,科学家在航天服上增加了保温材料,让航天员在月球表面执行任务时能在一定程度上抵御高温和低温的侵害。此外,科学家们还在月球车、月球基地等设施上增加了热控系统和遮阳设备,以降低受热辐射的程度。

阳 阳：月球基地的热控系统是什么?

爷 爷：热控系统是指一系列技术和设备,可以控制和调节月球基地内外的温度。首先,月球基地需要维持一个舒适的室内温度,因此热控系统必须保持室内温度稳定。其次,热控系统需要保护月球基地的设备免受月球极端气温的影响。最后,热控系统需要确保月球基地各部分之间的温度分布均衡。

科 科：那热控系统是怎么实现这些功能的呢?

爷 爷：月球基地的热控系统主要分为两类——被动热控系统和主动热控系统。被动热控系统主要是通过结构设计和材料选择来实现热控的。例如,在月球基地的建筑结构中,使用高绝缘和多层结构的隔热材料来减缓温度的传导;同时,在建筑表面使用高反射率的涂料和散热器来降低表面温度。而主动热控系统则需要利用一些主动的手段来调节室内温度,例如利用太阳能板收集太阳能,将其转化为电能,再利用电能来驱动空调系统,调节室内的温度和湿度。

科 科：那热控系统的影响因素有哪些?

爷 爷：第一,最大的影响因素是月球上的热环境。月球独特而严酷的热环境对月球基地热控设计影响巨大。月球是地球的重力梯度卫星,其自转与公转同步,即月球自转1周的时间恰好等于公转1周的时间。同时,月面基本不存在空气,因此月面外热流环境复杂而严酷。第二,月球基地的选址因素。在月球南北极,温度会比较低,散热的问题好解决,对热控系统的要求相对比较低;在赤道和低纬度地区,月球基地外部散热器要受到太阳和炽热月表的红外线影响,排热的难度较大。其他诸如月球重力、月尘和微流星等因素也不容忽视。

科　科: 爷爷,月球基地为什么要排热?

爷　爷: 在月球基地上,由于没有大气层的保护,太阳辐射和地表反射的热量都会使得月球表面的温度非常高。为了让基地内部的温度保持适宜,需要把室内的热量释放出去。

阳　阳: 月球基地的热量是如何排散的呢?

爷　爷: 热辐射器技术是解决热量排散问题的最可行方法。热辐射器是一种能够释放热量的设备,可以把热量从室内或设备内部散发出去,让室内或设备内部保持适宜的温度。它是基于热辐射,也就是物体通过辐射能够传递热量的原理。

科　科: 原来是这样! 那么,热辐射器是什么样子的呢?

爷　爷: 热辐射器可以有很多种形状,最常见的是由一个表面积较大、表面处理优良的金属面组成的。热辐射器的工作原理是利用金属材料的特性,从基地内部吸收热量并将热量转化为红外辐射,然后通过辐射把热量散发出去。

科　科: 那么,在月球上,热辐射器的工作原理有什么不同呢?

爷　爷: 在月球上,热辐射器同样是利用金属材料将热量转化为红外辐射,但月球上没有大气层,热辐射器可以更高效地散热。而且,在月球上,由于温度的变化较大,热辐射器也需要具备良好的耐温性,能在不同的温度环境下正常工作。

科　科: 那么热辐射器一般安装在月球基地的什么位置呢?

爷　爷: 一般来说,热辐射器安装在月球基地的顶部或侧面,以便将热量辐射到太空中。如果基地内部的温度升高,热辐射器将通过辐射来降低温度。

科 科：爷爷，什么是微流星？

爷 爷：微流星是自然存在且正在穿过空间的固态物体，其体积远小
于小行星和彗星，直径小于0.1毫米的微小流星体被称为微
流星体，流星体坠落到行星上被发现的被称为陨石。

阳 阳：那和微流星相比，什么是小天体？

爷 爷：微流星是指体积微小的小天体，直径通常几微米到0.1毫米
不等，而小天体的直径则可以大到几百千米。小天体包括一
些小行星、彗星、流星等，它们通常是由岩石、冰和其他物质
组成的。

科 科：我在电视上看到，有些微流星和小天体会撞到月球上，那月
球基地会不会有危险？

微流星

指直径为几微米到毫米级
别的小颗粒，它们通常从太
阳系中的彗星、小行星带或
其他天体中释放出来。

小天体

指太阳系中比行星小的天
体，包括小行星、彗星、矮行
星、类地行星等。

爷　爷：其实，微流星和小天体撞击月球的情况并不少见，月球没有大气层的保护，微流星和小天体会直接砸到月面上，而且这些撞击很难被预测。撞击会引发强烈的震动并释放大量的热能，这可能会破坏基地的设备和结构，甚至可能导致月球基地被摧毁。

阳　阳：那我们怎么才能保护月球基地呢？

爷　爷：科学家已经开始研究这个问题，并提出了一些解决方案。流星体防护的主要手段同样是利用质量屏蔽的方法，可采用金属和先进的复合材料加强基地舱段的防护强度。厚2~3毫米的复合防护材料可抵挡微流星的撞击。大型永久性月球基地，可以利用一定厚度的月壤形成覆盖防护，抵挡微流星的撞击。

科　科：月壤防护是什么？听起来好厉害呀！

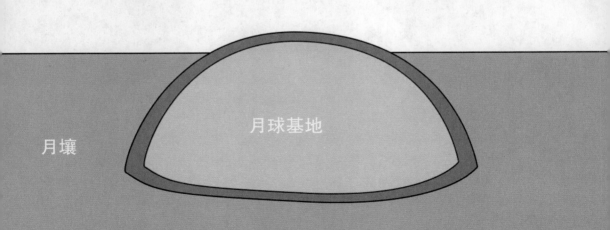

爷　爷：月壤防护是抵御辐射和微流星等空间威胁的有效手段，最普通的月壤防护方式，是直接将月壤覆盖于月球基地的舱段之上，且可大大降低运载能力的需求，因此在建设大型永久性月球基地方面具有明显优势。科科，你知道月球基地面临的最大威胁是什么吗？

科　科：是外星人吗？

爷　爷：不是，是来自宇宙深处的小天体。预防小天体撞击是月球基地的一项重要挑战。小天体如果撞击到月球基地，就会造成严重的损害。一颗直径1千米的小行星撞击地球，产生的能量相当于100万个核弹头的能量，甚至可以摧毁整个地球。

阳　阳：好危险，要怎么预防小天体撞击呢？

爷　爷：确实。第一，我们可以在月球附近建立一个天文观测站，及时发现那些即将撞击月球的小天体，并进行预警和防范。第二，我们可以建造一些探测器和飞船，前往小行星带和其他天体进行勘测，以便更好地了解它们的轨道和特征，从而更好地预测它们的行踪和轨迹。

阳　阳：那遇到小天体撞击怎么防护呢？

爷　爷：对小天体的防护尚无较好的办法，目前质量屏蔽等被动防护手段无法应对米级甚至更大的宇宙天体，但可采用移动式月球基地在威胁来临之前进行规避机动。固定式月球基地则只能依靠主动防护的手段，如导弹攻击和激光照射等，对即将撞击月球的小天体进行拦截和摧毁，从而保护月球基地的安全。

科　科：听起来好像很有用！那还有什么别的方法吗？

爷　爷：除了使用传感器和探测器之外，我们还可以使用一些物理防护措施，例如在月球基地周围建造一些物理屏障，来吸收撞击能量。对于月面上的基地来说，基地的舱段都是用坚固、结实的复合材料来制造的。有的舱段底部带有轮子，在危险来临时，舱段可以马上"逃走"。而建在月面之下的洞穴家园就具有天然的保护屏障。未来月球基地将会具有更加完备的防护措施，可以保护基地和居住者不受到太大的影响。

阳　阳：如果遇到非常大的小天体怎么办？

爷　爷：如果是非常大的小天体，那么即使采取了这些措施，基地还是可能会受到影响。因此，我们需要在建造月球基地时考虑到这种情况，并在地下挖掘出一些隧道，用来保护基地。此外，还可以使用核武器来分裂天体，使其成为较小的碎片，减少对月球基地的危害。

科 科：原来如此，这些措施真是太厉害了！

阳 阳：可是如果撞击过于严重，基地还是会受到影响的吧？

爷 爷：是的，如果撞击过于严重，我们会考虑撤离基地，寻找更安全
的地方。但这种情况非常罕见，不必太担心。

科 科：爷爷，月球基地的扩张是不是要提升防御技术？

爷 爷：是啊，随着人类月球探索活动的不断拓展，短期的小型月球
基地将发展成永久性的大型月球基地，并最终实现月球移
民。在未来，我们将采用主动防护技术，结合传统的被动防
护手段，保护月球基地的安全。

阳 阳：原来主动防护技术这么多，真厉害！

爷 爷：希望有朝一日你们也能去月球基地看看。

考考你

月球基地可以采用哪些方法防御辐射？

A. 用电磁场来屏蔽电离辐射

B. 建立深层地下基地

C. 穿戴防辐射服

D. 监测太阳风暴

7

月球基地的能源系统

科　科：月球没有电,可是我们要建月球基地,怎么办呢?

爷　爷：问得好。月球确实没有电,所以我们需要想办法在月球上产生电。你们知道有哪些方法可以产生电吗?

阳　阳：风力、水力、太阳能?

爷　爷：没错。在地球上,风力发电、水力发电和太阳能发电都是常见的方式。但在月球上,情况有些不同。由于月球没有空气和水,所以我们只能通过设置装置来产生电。

科　科：爷爷,月球基地是怎样获得能源的呢?

爷　爷：好问题。月球基地的能源来自太阳能和核能,太阳能是月球基地最主要的能源来源之一,不过还有其他的能源系统,比如核能和化学燃料电池。我们首先来了解一下太阳能吧。

阳　阳：太阳能是什么?

爷　爷：太阳能是指太阳热辐射能。在月球基地,太阳能发电板会将太阳能转换成电能,供给基地使用。

科　科：太阳能怎么产生电?

爷　爷：很简单,我们可以用太阳能电池板来收集太阳能,并将它转化为电能。这个过程叫作光伏发电。

阳　阳：可是月球离太阳好远,太阳能怎么能够被月球基地利用呢?

爷　爷：很好的问题。实际上,月球基地上的太阳能是通过太阳能电池板来获取的,这些太阳能电池板可以捕捉到太阳的能量,并将其转化为电能。虽然月球和太阳之间相距遥远,但太阳的能量仍然可以在太阳系中传播。

科 科：那么月球基地的太阳能发电系统是怎样工作的呢？

爷 爷：太阳能板就是将太阳能转化为电能的装置，月球基地的太阳能发电系统主要由太阳能电池板、电池、逆变器和传输线路等部分组成，它会将太阳能转化为直流电，然后存储在电池组里。这样就可以在夜晚使用电池组中储存的能源来为月球基地提供能源。

阳 阳：听起来很神奇啊！那么太阳能电池板要怎么建造呢？

爷 爷：我们可以在月球基地上使用3D打印技术来打印太阳能电池板。这样做的好处是可以减少我们从地球上运送材料的成本和时间，而且还可以使用月球上的材料。

阳 阳：地球上用太阳能发电很常见，那在月球上也可以吗？不会遇到什么问题吗？

爷 爷：事实上，月球的表面存在大量的月尘，这些月尘会黏附在太阳能电池板上，影响发电效率。

阳 阳：那月球基地用太阳能发电有什么好处吗？

爷 爷：使用太阳能发电不需要燃料，也不会排放有害物质，是一种环保和可持续的能源来源。此外，太阳能发电系统还可以存储白天收集到的能量供夜间使用。

科 科：原来是这样啊，那么需要多少块太阳能电池板呢？

爷 爷：这要看月球基地的规模和需要。一般来说，需要的太阳能电池板数量要根据能源需求和月球上的阳光强度而定。在一些小型的基地中，太阳能电池板数量可能较少，而在大型的基地中，太阳能电池板数量会很多。考虑月球基地的能量需求巨大，因此太阳能电池阵的面积也十分巨大，可能达到几百平方米。

阳 阳：那太阳能电池板要放在哪里呢？

爷 爷：太阳能电池板要放在接收阳光最多的地方，比如月球上的山丘或者高地。同时，在设计太阳能电池板的时候，我们也要考虑到月球上温度的变化和光线的强度变化，以确保能够充分利用太阳能。

科 科：原来这么厉害！那么月球基地的太阳能发电系统可以满足基地所有的用电需求吗？

爷 爷：不可以，科科。尽管太阳能发电是一种环保的能源方式，但是在月球基地的建设早期，它无法满足基地所有的用电需求，我们可能需要依靠其他能源作为补充。

阳 阳：那这些电池板收集到的能量能够用来做什么呢？

爷 爷：这些电池板收集到的能量可以被用来为月球基地的各种机器人、发射器和生命维持系统等提供电力。

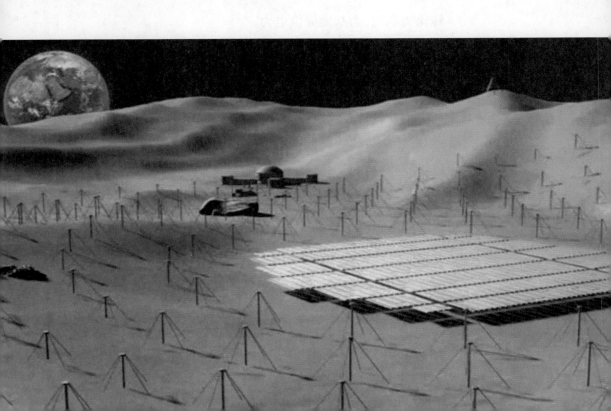

科　科：听起来很厉害啊！那使用太阳能电池板还有什么需要注意
的吗？

爷　爷：月球上没有大气层，所以阳光比地球上要强得多。这也就意
味着，太阳能电池板的温度可能会升得很高。因此，我们需
要采用一些特殊的材料和技术来确保太阳能电池板在高温
下仍然能够正常工作。

阳　阳：太阳能供应系统有没有什么缺点呢？

爷　爷：虽然太阳能供应系统在月球上运作非常高效，但它也有一些
缺点。比如，如果月球上的天气不好，那么太阳能电池板的
收集效率就会受到影响。另外，夜晚的时候，太阳能电池板
也无法收集到任何能量。

科　科：这种情况下该怎么办呢？

爷　爷：这就是核能的用处啦。月球基地使用的主要是核能。我们
可以用核反应堆产生热能，驱动蒸汽发电机，发电机将热能
转化为电能，为基地提供电力。

阳　阳：核能是指什么呢？

爷　爷：核能是指原子核内部结构发生变化而释放的能量，它是一种
非常高效的能源来源。在月球基地，我们可以使用核反应堆
来获得能源，但是核能的安全性和稳定性也是需要非常严格
的管理和控制的。

科　科：核反应是什么？

爷　爷：核反应是指原子核的变化。在核反应中，原子核会发生裂变
或聚变，释放出大量的能量。

科　科：原来如此，那月球基地的核能供应系统是怎样工作的呢？

爷　爷：月球基地的核能供应系统包括一个核反应堆和一个热交换

器。核反应堆中的燃料会释放出热能,热交换器会把热能转化成电能,供应给月球基地的电器和设备使用。反应堆的核心部分包含核燃料,这种燃料被称为铀-235。当铀-235被撞击时,会产生能量,并且会释放出更多的中子。这样就可以供应给月球基地所需的电力。

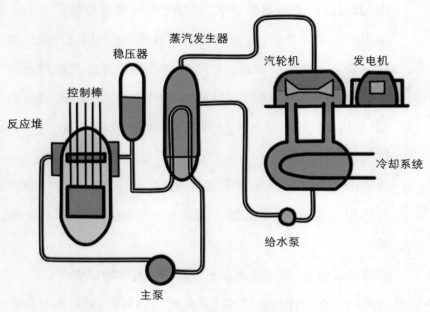

核电站工作原理

阳 阳: 什么是中子?

爷 爷: 中子是一种微粒,它可以让铀-235分裂成两个更小的核,这个过程中会产生更多的能量和更多的中子。这些中子又会撞击铀-235,形成一个连锁反应,这样就可以不断地产生能量。

科 科: 听起来很神奇!

爷　爷：是的，不过核反应也需要进行控制，反应堆中的一些材料可以控制中子的数量，以确保反应不会失控。同时，在反应堆中还有一种叫作冷却剂的液体，可以保持反应堆的温度不会过高，从而保证反应堆的稳定性。

阳　阳：核能会不会很危险呢？

爷　爷：没错，核能是一种非常强大的能源，如果不正确地使用或管理，就可能产生严重的后果，需要严格的安全措施。我们会采用反应堆的屏蔽、冷却和监控等多种手段来控制辐射，以确保安全。我们可以通过一些安全措施来保证月球基地核能系统的安全性，例如在反应堆周围建立多层隔离和保护层、使用高效的冷却系统、定期检查和维护反应堆等。

科　科：核能的好处是什么？

爷　爷：核能比太阳能稳定，太阳能需要依赖天气条件。另外，核燃料体积小能量大，非常适合用在月球基地这种空间有限的地方。

科　科：在月球基地上，核能系统会不会影响到月球的环境呢？

爷　爷：好问题。在设计和使用核能系统时，我们会尽量减少对月球环境的影响。首先，我们会选择较为稳定的反应堆类型，来确保反应的安全性。其次，我们会采用先进的防护措施来避免放射性物质泄漏。最后，对废弃物的处理也会遵循严格的规定，尽量减少对月球环境的影响。

科　科：那么，月球基地的核能系统和地球上的有什么不同呢？

爷　爷：月球基地的核能系统和地球上的核电站差不多，都是利用核反应来产生能量。不过由于月球基地的环境和地球有很大的差异性，因此核能系统的设计也有所不同。第一，由于月球上没有像地球那样的大气层来保护我们免受太阳辐射的侵害，因此月球基地的核能系统需要更强大的保护层来保护工作人员。第二，由于月球上的温度变化很大，核能系统需要在不同的温度下进行测试和使用，以确保其正常工作。

科　科：我们以后也可以去月球，看看这些核能系统吗？

爷　爷：当然可以，如果你们对月球基地感兴趣，可以通过学习更多关于月球基地的知识来了解这些系统是如何运作的。

阳　阳：听起来很厉害啊，那么太阳能和核能哪一种更适合在月球基地上使用呢？

爷　爷：太阳能和核能都有各自的优缺点。太阳能是非常清洁的能源，不会产生有害气体和污染物，但是太阳能电池板受到月球表面温度的影响，夜晚无法发电。核能在任何时候都能够为月球基地提供稳定的电力，但是核能存在安全风险和管理难度大等问题。因此，我们需要根据实际情况综合考虑，选择最适合的能源方案来为月球基地提供电力。

阳　阳：那化学燃料电池呢？

爷　爷：化学燃料电池是一种将化学能转化为电能的装置，它通过反应产生电流来提供能源。它的优点是可以提供长时间的电能，缺点是需要有足够的氧气供应，所以月球基地的氧气储备也非常重要。

科　科：爷爷，那么月球基地还有其他的能源系统吗？

爷　爷：除了太阳能和核能，月球基地还有其他一些能源系统。比如，月球上有很多火山，可以使用火山热能来发电。此外，也可以利用月球上的水冰来提供能源。月球基地还会利用月球天然的地热能，这也是一种重要的能源来源。而且在未来,我们也会探索利用其他新能源技术,比如生物能等。

阳　阳: 真是太神奇了!

爷　爷: 是啊,科学的力量真的很强大。只要我们不断地探索和研
究,就能够创造出更加先进、更加高效的能源系统,让月球基
地更加可持续发展。

科　科: 爷爷,月球基地的电能是怎么储存的呢?

爷　爷: 目前,月球基地常见的储存电能的方法有两种:一种是使用
蓄电池,另一种是使用燃料电池。这两种方法都可以将电能
储存起来,以备不时之需。

阳　阳: 蓄电池? 我们家里用的电池和月球基地的一样吗?

爷　爷: 月球基地用的蓄电池更大更强,能够储存更多的能量。传统
的蓄电池组储存系统是一种将电能储存在电池中的技术。
在月球基地,我们可以使用太阳能板来收集太阳能,并将其

转化为电能,然后储存在蓄电池中,当需要用电的时候,就可以从电池中取出电能。

科 科:那月球基地的蓄电池是怎么工作的呢?

爷 爷:简单来说,月球基地上的太阳能板收集太阳能,将能量转化为电能,然后通过电线输入蓄电池组。当月球基地需要能量时,蓄电池组会将储存的电能输出到月球基地的电网里。

阳 阳:蓄电池组是什么样子的?

爷 爷:蓄电池组是由许多电池组成的,每个电池都是一个能够将化学能转化为电能的装置。这些电池可以被充电,并且在需要的时候,可以释放电能来提供电力。

科 科:这个蓄电池组需要经常更换吗?

爷 爷:这取决于电池的使用寿命,而电池的寿命取决于电池的质量和使用方式。但是,传统蓄电池组储存系统需要定期检查和维护,以确保它们能够正常工作。

科 科:那月球基地的蓄电池组是不是很大很重呀?

爷 爷:是的,月球基地的蓄电池组非常大,需要用火箭发射到月球上。但是这些蓄电池组都是可以重复使用的,所以在月球基地建成后,科学家们可以将旧的蓄电池组带回地球进行修复和再利用。

阳 阳:这听起来很神奇!这些电池在月球上工作和地球上有什么不同?

爷 爷:因为月球上的环境和地球有所不同,所以这些电池必须经过一些特殊的设计。例如,它们必须能够承受极端的温度变化和重力变化。此外,为了防止它们在月球表面上受到辐射的损害,电池还必须经过特殊的保护。

科　科：那么这种储存系统有没有什么缺点呢？

爷　爷：传统蓄电池组储存系统需要定期更换电池组，而且电池组比较重，对运输和储存也有一定的要求。而且在极端温度环境下，电池的寿命会受到影响。

科　科：我听说月球基地还有一个能源储存系统，那是什么？

爷　爷：月球基地的能源储存系统是一种技术，它可以储存太阳能、核能、化石能等各种形式的能源，以确保月球基地能够持续运转。月球基地的能源储存系统主要是由传统蓄电池组储存系统和先进储能技术两部分组成的。

阳　阳：传统蓄电池组储存系统是什么呀？

爷　爷：传统蓄电池组储存系统就是将电能储存在电池组里，当需要

使用的时候,通过逆变器把直流电转换为交流电供电。它们的优点是安全可靠,适用范围广,同时价格也比较低廉。不过它们的缺点是能量密度较低,体积和重量比较大,且需要进行定期的维护和更换。

科科：那先进储能技术是指什么?

爷爷：先进储能技术主要是指一些新型的储能方式,例如超级电容器和钠硫电池就是其应用,它们能够实现更高的能量密度,更小的体积和重量,并且更加环保,但是价格相对较高。先进储能技术目前还处于研究和开发阶段,还需要时间来验证其可行性。

阳阳：原来这么复杂啊,那月球基地使用哪种能源储存系统呢?

爷爷：目前来说,月球基地主要使用传统蓄电池组储存系统,因为较为可靠、成本低、易于维护和更换。随着科技的发展和进步,相信未来一定会出现更先进更环保的能源储存技术。

科科：原来是这样啊,月球基地的能源储存系统好厉害呀!

爷爷：是啊,月球基地的科学家们将一直研究如何更好地利用能源,保证月球基地的能源供应。

阳阳：爷爷,如果储存系统不工作了怎么办?

爷爷：这就是储存系统如此重要的原因。如果我们的太阳能电池板不能收集能量,或者我们的储存系统不能储存能量,月球基地就会面临很大的问题。我们必须确保储存系统足够可靠,这样我们才能在需要时依赖它。

科科：原来如此,原来月球基地的能源系统有这么多,我们真是长了不少见识! 谢谢您的解释,爷爷!

阳　阳：是啊，我也觉得月球基地的能源系统非常神奇，让人惊叹不已。

爷　爷：不用谢，孩子们。现在你们已经知道月球基地的蓄电系统是如何工作的了。希望你们能在科学探索中始终保持好奇心，努力探索新的科学世界！

考考你

在月球上放置太阳能电池板，需要注意以下哪些因素？

A. 温度　B. 位置

C. 月尘　D. 微流星

关键词

物理关键词

1. **卫　星**：按照一定轨道绕行星运行的天体，可以分为自然卫星和人造卫星两种类型，其运动轨道可以是圆形、椭圆形或其他曲线形状。

2. **行　星**：绕恒星运行的天体，同时具有自转和公转运动，太阳系中的行星可以分为类地行星、类木行星和冥王星等。

3. **恒　星**：自己产生光和热的天体，主要由氢和氦等元素组成。恒星的运动和行星类似，也具有自转和公转运动，但是由于其质量较大，自转速度相对较慢。

4. **宇宙飞船**：一种运送航天员、货物到达太空并安全返回的航天器。

5. **通信卫星**：用于通信目的的人造地球卫星。可接收和转发中继信号，进行地面站之间或者地面站与航天器之间的通信。

6. **地　幔**：地球内介于地壳和地核之间的部分，由具有高温高压的岩石构成，是地球重要的组成部分，同时也参与了地球的板块构造和地震等重要地质过程。

7. **地　壳**：地球最外层的一个固态壳层，与地幔和地核分别相邻，主要成分是氧、硅、铝、镁、铁等。

8. **地　核**：地球内部最深处的一个层，是地球的一个球形结构，主要成分是铁、镍等，是产生和维持地球磁场的主要来源。

9. **引　力**："万有引力"的简称，指宇宙中具有质量的物体之间相互吸引的力，大小与两者距离的平方成反比。引力具有吸引物体的作用，是万有引力定律的基础，可以用于解释天体运动和天体间相互作用的现象。

10. **重　力**：物体由于地球的吸引而受到的力，其大小与物体的质量有关，是天体间相互作用的重要力量。

11. **自　转**：物体自行旋转的运动，物体会沿着一条穿过物体本身质心的轴即"自转轴"进行旋转。所有的行星、恒星都会绕着自己的轴心进行转动，即为自转。

12. **公　转**：一物体以另一物体为中心，沿一定轨道所做的循环运动；所沿着的轨道可以为圆、椭圆、双曲线或抛物线。

13. **潮汐力**：物体上的各个点到引力源的距离不等，所以受到的引力大小也各不相同，不同的点之间会产生引力差，同一物体上不同的点之间的引力差就是潮汐力。

14. **黄　道**：地球一年绕太阳转一周，我们从地球上看成太阳一年在天空中移动一圈，太阳这样移动的路线叫作黄道。它是天球上假设的一个大圆圈，即地球轨道在天球上的投影。黄道平面和赤道平面相交于春分点和秋分点。

15. **白　道**：月球绕地球瞬时轨道面与天球相交的大圆。

16. **赤　道**：环绕地球表面与南北两极距离相等的圆周线，把地球分为南北半球，是划分纬度的基线。

17. **月　相**：从地球上观察到的月亮的不同形态。月相的变化是月球绕地球公转，其光照面不同的缘故。

18. **月全食**：当月亮、地球、太阳完全在一条直线上的时候，地球在中间，整个月亮全部在地球的影子里，月亮表面变成暗红色，形成月全食。

19. **月　海**：月球表面上比较低洼的平原，以前被认为是月球上真正的海洋，后来发现它们实际上是岩石平原。

20. **月球环形山**:环形山近似于圆形,中间地势低平,分布着小的山峰,内侧比较陡峭,外侧较平缓。

21. **月　谷**:月球表面的深谷或峡谷。

22. **大气层**:地球或其他行星表面因重力关系而围绕着的一层混合气体,主要由氮气和氧气组成。

23. **氦-3**:一种在地球上非常罕见的同位素,被认为是一种潜在的清洁能源,存在于月球的表面和地球大气层中。

24. **质　子**:带正电的亚原子粒子。

25. **中　子**:组成原子核的粒子之一。

26. **原　子**:化学反应不可再分的基本微粒。

27. **离　子**:带电的原子或原子团,分为正离子(失去了一个或多个电子)和负离子(获得了一个或多个电子)。

28. **核　能**:通过核反应从原子核释放的能量。

29. **核反应**:原子核与原子核,或者原子核与各种粒子(如质子、中子、光子或高能电子)之间的相互作用引起的各种变化。在核反应的过程中,会产生不同于入射弹核和靶核的新的原子核。因此,核反应是生成各种不稳定原子核的根本途径。

30. **反物质**:正常物质的反状态,其粒子带有相反的电荷和量子数,当正常物质与反物质相遇时,它们会彼此湮灭并释放大量能量。

31. **太阳帆推进法**:一种利用太阳光压力产生推进力的航天器推进方式。太阳帆采用超薄的太阳能电池板作为帆布,推动太阳帆向远离太阳的方向移动。

32. **动量守恒**:物理学中的基本定律之一,指在一个系统中,系统内物体的总动量在没有外力作用时保持不变。

33. **火　箭**:一种以喷射高速气流产生推力,从而实现航天器或导弹等物体运动的发动机,在航天、军事和科研等领域有着广泛的应用。

34. **纬　度**:地球表面南北距离的度数以赤道为0°,以北为北纬,以南为南纬,南北各90°。通过某地的纬线跟赤道相距的度数,就是该地的纬度。

35. **等离子体**:由正离子自由电子组成的物体,是物质的高温电离状态,不带电,导电性很强。太阳等大多数星体都存在等离子体。

36. **磁力计**:一种用于测量磁场强度和方向的仪器,可以用来研究地球磁场和其他星球的磁场。

37. **磁　场**:由电荷在运动时所产生的磁性相互作用力所形成的力场。地球、太阳等星体都有自己的磁场。

38. **电磁场**:由带电物体产生的一种物理场。

39. **电磁波**:由同相振荡且互相垂直的电场与磁场在空间中衍生发射的振荡粒子波,是以波动的形式传播的电磁场。

40. **辐射带**:空间大量高能带电粒子的聚集区,分为内、外两层辐射带。在这个区域中,高能粒子和电磁辐射对人体和空间器材有较大的辐射危害。

41. **空间辐射**:来自空间带电粒子的辐射,其强度与太阳的活动密切相关。主要有地球辐射带、太阳宇宙线、银河宇宙线等的辐射,对人体和空间器材有较大的辐射危害。

42. **电离层**:具有电离现象,存在大量的离子和自由电子,并且能够反射电磁波的大气层,是部分电离的大气区域,完全电离的大气区域称磁层。

43. **带电粒子流**:带电粒子的定向移动形成的电流,包括太阳宇宙线(指太阳耀斑极光、太阳风等)、银河宇宙线等。

44. **太阳风**:太阳大气层的等离子体流,常常带

有高速带电粒子。

45. **微　波**：频率在300MHz~300GHz的无线电波，具有易于集聚成束、高度定向性以及直线传播的特性，可用来在无阻挡的视线自由空间传输高频信号，通常用于卫星通信和遥感。

46. **地球轨道**：地球在太空中的轨道，包括低地球轨道、中地球轨道、高地球轨道和地球同步轨道等不同高度的轨道。

47. **地月转移轨道**：将飞行器从地球轨道转移到月球轨道的轨道。

48. **变　轨**：通过飞行器的推进或引力辅助改变其轨道的运动状态。

49. **微波遥感**：运用波长为1~1000毫米的微波电磁波的遥感技术。包括通过接收地面目标物辐射的微波能量，或接收遥感器本身发射出的电磁波束的回波信号，根据其特征来判别目标物的性质、特征和状态，包括被动遥感技术和主动遥感技术。

50. **微波探测仪**：用于探测和测量微波辐射的仪器，可用于地球科学、气象学、天文学等领域。

51. **紫外光成像光谱仪**：一种可以对物体进行成像和光谱分析的仪器，使用紫外光进行观测，可用于天文学、地球科学、生命科学等领域。

52. **宇宙射线**：一种高能粒子和辐射，来自太空中的宇宙射线源，包括太阳风、超新星、星际物质等。它们会与地球大气层和地球表面相互作用，产生许多现象和效应。

53. **太阳能**：太阳辐射的能量，可以通过太阳能电池板等转换为电能或其他形式的能量，是一种可再生能源。

54. **太阳能电池板**：一种将太阳辐射能转换为电能的设备，利用光伏效应将太阳光转化为电能，广泛应用于航空航天、通信、能源

等领域。

55. **数密度**：在天文学中指单位体积内粒子数的密度，常用于描述星系、星云等天体中的物质分布情况。

56. **月基光学天文望远镜**：一种安装在月球表面上的望远镜，可以避免地球大气层的干扰，观测精度更高。目前尚未实现，正在计划和研究中。

57. **射电望远镜**：一种利用射电波段观测天体的望远镜，可以观测到其他波段无法观测到的现象，如星际气体、脉冲星、黑洞等。

58. **极紫外相机**：一种观测极紫外波段的相机，可以用于研究宇宙中恒星形成、星系演化、暗物质等。

59. **测月雷达**：一种利用雷达技术观测月球表面的仪器，可以测量月球表面的高度、形态、物质分布等信息。

60. **同位素**：原子核内质子数相同，但中子数不同的一类核素。在地球科学、天文学等领域中，通过测量不同同位素的丰度比例，可以推断出物质来源、演化历史等信息。

61. **中继卫星**：一种位于地球和通信卫星之间的卫星，用于中转、增强或转发通信信号，扩大了通信卫星的通信范围和覆盖面积。

62. **中子辐射剂量**：人体所受到的中子辐射的剂量，中子辐射是一种高能量粒子辐射，对人体组织具有较强的穿透力和破坏力，对航天员的健康安全构成潜在威胁。

63. **中性原子**：一个原子的电子数等于质子数，因此带电量为零，通常指非电离原子；中性原子在宇宙射线中比较常见。

64. **月球车**：一种专门用于在月球表面行驶的机动车辆，通常由轮子、电池、控制系统、通信系统等部件组成，用于科学探测和采集样品。

65. **射频通信**：当电磁波频率高于100kHz时，电磁波可以在空气中传播，并经大气层外缘的电离层反射，形成远距离传输能力，这种具有远距离传输能力的高频电磁波称为射频。射频通信，即是利用射频进行信息传输，是一种无线通信方式，主要应用于通信卫星、航空、航天等领域，具有广泛的应用前景。

66. **3D打印技术**：一种通过逐层堆叠材料来制造三维物品的技术，可以快速制造复杂的机械零件、模型、原型等，也可用于航天器零部件的制造。

67. **光合作用**：植物、藻类等光合生物利用太阳能将二氧化碳和水转化为有机物的过程，是维持地球生态平衡的重要过程之一。

68. **蒸　馏**：一种将混合物中不同组分按照其沸点的差异逐步分离的方法，常用于提取某些纯化过程中的物质。

69. **冷　凝**：气体或液体遇冷而凝结，是制备液体氧、液体氢等液态燃料的方法之一。

70. **合　金**：由两种或两种以上金属或金属与非金属元素组成的材料，常用于制造高强度、高耐蚀性、高导电性等特殊性能要求的零部件。

人物关键词

1. 伽利略·伽利雷：意大利物理学家、数学家和天文学家，被认为是现代天文学的创始人之一。伽利略在17世纪首次使用望远镜观测天体，并提出了地球不是宇宙中心的理论。他的天文学发现和理论为现代天文学奠定了基础。

2. 尼尔·奥尔登·阿姆斯特朗：美国航天员，"阿波罗11号"的指令舱飞行员，第一个在月球上行走的人。1969年，他登上月球并成为第一个踏上月球的人。

3. 儒勒·凡尔纳：法国作家，代表作有科幻小说《从地球到月球》和《环游地球80天》。他在19世纪末的小说中描绘了太空探索的想象世界，激发了人们对太空探索的兴趣。

4. 万户：本名陶成道，原名陶广义，第一个想到利用火箭飞天的人，被称为"世界航天第一人"。

5. 威廉·安德斯：美国航天员，"阿波罗8号"的指令舱飞行员，第一个在月球轨道上飞行的人。1968年，威廉·安德斯拍摄了第一张从月球上拍摄的地球照片，这张照片展示了地球的美丽和脆弱，对人类认识地球的重要性产生了重大影响。

6. 尤里·加加林：苏联航天员，是第一个进入太空的人，也是第一个从太空中看到地球全貌的人。

后 记

　　"中国探月工程"是全世界瞩目的重大前沿科技项目,也是青少年特别喜欢的科普内容之一。2004年,中国正式开展月球探测工程,并命名为"嫦娥工程",取名来自中国人熟知的嫦娥仙子,蕴含了中国人几千年来对"明月"的崇拜与向往。

　　按照规划,"中国探月工程"需要一代代人的接续努力,分为"无人月球探测""载人登月""建立月球基地"三个阶段,如今正在读小学、中学的孩子们中的一部分长大以后真的会投入到这样人类文明发展历史上值得铭记的伟大工程中,这真是新时代孩子们的幸运啊!

　　2007年10月24日,"嫦娥一号"成功发射升空,在圆满完成各项使命后,于2009年按预定计划受控撞月。2010年10月1日,"嫦娥二号"顺利发射,超额完成了各项既定任务。2012年,"嫦娥三号"和"玉兔号"月球车完成了月面勘测任务。2020年11月24日,在中国文昌航天发射场,"长征五号"遥五运载火箭成功发射"嫦娥五号"探测器,顺利将探测器送入预定轨道,开启中国首次地外天体采样返回之旅;12月1日,"嫦娥五号"探测器成功在月球正面预选着陆区着陆;12月17日,"嫦娥五号"返回器携带月球样品,采用半弹道跳跃方式返回并安全着陆。2022年5月6日,"中国探月工程"官方公开发布"嫦娥五号"探测器有效载荷二级科学数据。

　　2023年，中国将面向未来、全面推进"中国探月工程"第四期，规划包括"嫦娥六号""嫦娥七号""嫦娥八号"任务。据媒体披露，2024年我国将发射"鹊桥二号"中继星，为后续"嫦娥六号""嫦娥七号""嫦娥八号"任务提供中继通信服务。"嫦娥六号"将从月球背面采集更多样品，争取实现2000克的目标。"嫦娥七号"准备在月球南极着陆，主要任务是开展飞跃探测，争取在月球上找到水。"嫦娥八号"准备在2028年前后实施发射，"嫦娥七号""嫦娥八号"将会组成月球南极科研站的基本型，有月球轨道器、着陆器、月球车、飞跃器以及若干科学探测仪器。这些未来科技在长大以后的孩子们手中将有更多的用武之地。

　　在上述探月登月工程蓬勃发展的大背景下，在中国科学院科学传播研究中心和中国科学技术大学人文与社会科学学院科技传播系的支持下，由我带领几位科学传播专业研究生成立了一个专门的"登月工程"科普创作研究小组，按照科技传播系新闻与传播硕士专业学位的科学传播专业培养模式，在2022年10月前后将此前整理的各类科普资料和进展新闻进行消化吸收，并结合科学传播领域的读者受众分析测试进行科普创作与内容设计。哪些内容需要？哪些内容要舍弃？用什么样的科学传播策略和方法？我们一直强调树立的"问答逻辑式"科普创作模式有没有更大的改进空间？如何在科学传播实践基础上总结科学传播作为新兴学科的理论创新？这些都是丛书创作过程中一直在思考的问题。

　　整个科普创作课题组的具体分工如下：我作为导师负责课题设计与科普创作的整体构思，在黄婧晔、王晨阳等草拟的大纲基础上，重新设计了新的章节大纲，使结构更为合理。其间还得到了来自国家天文台郑永春研究员的无私帮助和推荐指导。2022年下半年进入编撰阶段,我们课题组由蔚雅璇作为科普创作讨论联络人,按照课题组做科普项目的方式分工协作,及时敦促各位成员章节资料的整理和编撰风格统一等事项。擅长手绘作图的王适文、来自天文学系的研究生熊鹤洁和本身具有编辑出版经验的蔚雅璇,在很短的时间内整理了大量月球相关科普资料,大胆创作,不断磨合,绘制了本书的大部分插图。他们运用"领域知识专家+科普技巧专家"的方法,依照"问答逻辑式"科普创作模式完成了本书的科普创作(每人创作的篇幅均超过科技传播系对研究生科普创作实践培养的3万字要求)。我对各章节的图文进行了补充修改,对内容进行了逐页审校,保证内容的准确性和可读性。

本书作为中国科学院科学传播研究中心和中国科学技术大学人文与社会科学学院科技传播系的系列科普成果之一,也凝聚了中国科普作家协会、安徽省科普作家协会等诸多同仁的智力财富,得到了郭传杰、周忠和、汤书昆、周荣庭、杨多文等老师的积极鼓励和大力推动。这本科普书得以出版,也离不开中国科学技术大学出版社对"长大以后探索前沿科技"系列科普丛书的信任与支持。在此,对上述各位老师、同学一并表示感谢!

本书如有知识的错漏或考证不全之处,还请各位读者批评指正。课题组将以做科学传播学术研究的心态,不断完善"问答逻辑式"科普创作模式的理论创新与实践创新。

褚建勋

2023年3月于中国科学技术大学